# 特种润滑涂层构建理论与技术

袁晓静　查柏林　著

国防工业出版社

·北京·

**图书在版编目(CIP)数据**

特种润滑涂层构建理论与技术 / 袁晓静，查柏林著.
— 北京：国防工业出版社，2021.1
ISBN 978 - 7 - 118 - 12180 - 3

Ⅰ. ①特… Ⅱ. ①袁… ②查… Ⅲ. ①高温润滑涂层
Ⅳ. ①TH117.2

中国版本图书馆 CIP 数据核字(2020)第 229704 号

※

国防工业出版社出版发行
(北京市海淀区紫竹院南路 23 号　邮政编码 100048)
三河市众誉天成印务有限公司印刷
新华书店经售

*

开本 710×1000　1/16　印张 14¼　字数 250 千字
2021 年 1 月第 1 版第 1 次印刷　印数 1—2000 册　定价 58.00 元

**(本书如有印装错误，我社负责调换)**

国防书店：(010)88540777　　书店传真：(010)88540776
发行业务：(010)88540717　　发行传真：(010)88540762

# 前　言

无论是空间装备还是地面装备,当其作动副摩擦表面温度超过400℃以后,常用的油类、脂类润滑都会逐渐失效。常用的方法是进行强制冷却,但会带来冗余的附加机构,这会损失能量而制约了装备服役效能。近年来发展的固体自润滑技术可在宽温域内提供较低且稳定的摩擦学性能,为关键摩擦副稳定工作提供了技术支持,是国内外研究的热点。

多年来,课题组一直致力于热喷涂减摩涂层的基础理论、工艺优化、技术推广工作。在开发微弧等离子沉积技术的基础上,相继研究了单相、多相固体自润滑涂层沉积与构建理论,并采用跨尺度数值分析技术建立了涂层微观结构特征与宏观自润滑性能的关联理论,分析了涂层微观结构损伤与寿命特性,拓展了热喷涂固体自润滑涂层的制备、损伤特征分析与寿命评估理论,期望为解决关键摩擦副宽温域摩擦学特性提供可用的理论与技术储备。

本书共7章。第1章主要描述固体自润滑涂层构建的基本理论以及固体自润滑技术的发展现状;第2章着重从粒子形态构成角度阐述热喷涂固体润滑涂层的构建问题,系统介绍课题组在热喷涂涂层构建研究方面取得的理论成果;第3章主要基于微观真实结构建立涂层的宏观性能评估模型,以及在微观结构基础上研究了基于裂纹扩展的寿命分析;从第4章起介绍课题组围绕固体自润滑涂层的构建与性能评估所做的具体工作,着重介绍等离子沉积 WC10Co4Cr 减摩润滑、$NiCr - WSe_2 - BaF_2/CaF_2$ 固体自润滑、$Ni/MoS_2 - SiC - Y$ 固体自润滑、$Ni/SiO_2$ 封严涂层等在装备作动结构表面润滑性能评估的研究成果。

本书编写分工如下:第1、2、3、5章主要由袁晓静副教授撰写,侯平均参编第2章,第4、6章由查柏林教授撰写,江礼参编第6章,第7章由陈小虎教授撰写。袁晓静副教授进行统校。

本书相关研究得到了国家自然科学基金(No.51405497)、总装维修科学与改革课题以及军内科研课题的资助和大力支持,侯根良副教授、江礼博士、侯平均博士在成果的研究过程中给予了大力支持,研究生夏杰、禹志航、郑燃、布增、杨续等同学相继在相关研究领域做了大量具体的研究和探索工作,在此一并表示感谢！由于我们在该领域的研究还处于初步阶段，对相关问题的理解和把握还比较粗浅，书中难免存在一些不足，敬请同行专家和广大读者批评指正，并提出宝贵意见。

作者

2020 年 9 月 30 日

# 目　　录

# 第1章 绪 论

## 1.1 固体表界面

表界面是基体与增强层间化学成分存在显著变化,并能传递载荷提供特殊功能的微区。事实上,任何结构都有与外界接触的表面或与其他结构区分的界面。界面的原子结构、化学成分和键合均不同于界面两侧的基体材料,结构界面区域原子所受到热力场的不平衡性产生的表面能,导致界面处更易发生物理变化或化学反应,进而很大程度上影响结构的性能。深入了解界面的几何特征、化学键合、界面结构、界面缺陷、界面稳定性、界面反应及其影响因素,更深层次地了解界面与涂层的性能关系,成为获得高性能复合涂层的必要手段。

1945 年诺贝尔物理学奖获得者 Pauli 的名言"上帝制造了固体,魔鬼制造了表面"很早就形象地阐明了研究表面和界面行为比块体行为更困难、更复杂、更富有挑战性和魅力。1981 年诺贝尔化学奖获得者 Hoffmann 在其名著《固体和表面》(*Solid and Surface*)中特别强调了表面和界面科学是物理、化学及工程科学等交叉学科的结合,具有鲜明的跨尺度特性。1991 年诺贝尔物理奖获得者,被誉为"当代牛顿"的 de Gennes 在其名著《软接口》(*Soft Interface*)中多次指出:"界面是移动的、扩散的和活跃的(mobile,diffuse and active)",强调和归纳了表面和界面行为的复杂性。近年来,科研人员对界面的组成和结构、界面区域分布等与复合涂层性能的关系进行了深入的探索,但由于这些尺度很小(微米级物质层)的界面,包含了基体与增强体接触面、基体与增强体相互作用生成的反应产物、基体和增强体之间的互扩散层、基体和增强体上的氧化物及其反应产物等十分复杂的组成,因此迄今为止,尚未取得实质的进展。

### 1.1.1 固体表面

物质的气、液、固三态界面通常称为表面。而固体又是自然界中一种重要的物质形态,形成的固体材料是工程技术中最普遍的材料,包括金属材料、无机非金属材料和有机高分子材料。无论哪种材料,按固体材料所起的作用可分为结构材料和功能材料,而按照晶体类型则分为晶体和非晶体。在庞大的固体材料中,原子、离子或分子之间都存在结合键,但当原子或分子的周期排列发生大面积突然终止时,就在此地出现了界面。很多物理、化学过程(如催化、腐蚀、摩擦和电子发射等)往往都发生在这些"表界面",如在固体表面由凝聚态物质靠近气体或真空的一个或几个原子层(0.5~10nm)对表面改性与功能异化提供了基础。这在工程表面更为复杂,其包括"内表面层"(包括基体材料和加工硬化层)以及"外表面层"(包括吸附层和氧化层等)。对于给定条件下的表面,其组成都与固体表面、各层界面的特性有关。

## 1. 固体表面的不均一性

理想表面是结构完整的二维点阵平面,其忽略了晶体内部周期性热场在晶体中断开的影响,忽略了表面上原子的热运动以及出现的缺陷和扩散现象,更忽略了表面外界环境的作用等,典型的理想表面如晶体的解理面。

固体材料包括单晶、多晶和非晶体等。晶体表面是原子排列面,有一侧无固体原子键合,形成了附加的表面能。从热力学来看,表面附近的原子排列总是通过自行调整、依靠表面的成分偏析和表面对外来原子或分子的吸附以及这两者的相互作用而趋向能量最低的稳定状态。

晶体表面的成分和结构都不同于晶体内部,一般要经过4~6个原子层之后才与体内基本相似,所以晶体表面只有几个原子层范围。并且晶体表面的最外层也不是一个原子级的平整表面,因为这样的熵值较小,尽管原子排列作了调整,但是自由能仍较高,所以清洁表面必然存在各种类型的表面缺陷。表1.1列出了清洁表面的结构。

表1.1 清洁表面的结构和特点

| 序号 | 名称 | 结构示意图 | 特点 |
|---|---|---|---|
| 1 | 弛豫 | | 表面最外层原子与第二层原子之间的距离不同于体内原子间距(缩小或增大;也可以是有些原子间距增大,有些减小) |
| 2 | 重构 | | 在平行基底的表面上,原子的平移对称性与体内显著不同,原子位置作了较大幅度的调整 |

| 序号 | 名称 | 结构示意图 | 特点 |
|------|------|------------|------|
| 3 | 偏析 | | 表面原子是从体内分凝出来的外来原子 |
| 4 | 化学吸附 | | 外来原子(超高真空条件下主要是气体)吸附于表面,并以化学键合 |
| 5 | 化合物 | | 外来原子进入表面,并与表面原子键合形成化合物 |
| 6 | 台阶 | | 表面不是原子级的平坦,表面原子可以形成台阶结构 |

  由单晶表面的 TLK(Terrace,Ledge,Kink) 模型可知,表面原子的活动能力较体内大,形成点缺陷的能量小,表面上的热平衡点缺陷浓度远大于晶体内部。各种材料表面的点缺陷类型和浓度都依赖于给定条件,最为普遍的是吸附(或偏析)原子。另一种晶体缺陷是位错(线)。由于位错只能终止在晶体表面或晶界上,而不能终止在晶体内部,因此位错往往在表面露头。位错附近的原子平均能量高于其他区域的能量,容易被杂质原子所取代。如果是螺位错的露头,则在表面形成一个台阶。无论是具有各种缺陷的平台还是台阶和扭折,都会对表面的一些性能产生显著的影响。

  严格地说,清洁表面是不存在任何污染的化学纯表面,即不存在吸附、催化反应或杂质扩散等一系列物理、化学效应的表面。而在几个原子层范围内的清洁表面,其偏离三维周期性结构的主要特征应该是表面弛豫、表面重构以及表面台阶结构。

  实际固体表面则有以下重要特点。

  (1)表面粗糙度。经切削、研磨、抛光的固体表面似乎很平整,而在高倍电镜下观察可以看到明显的起伏以及裂缝或空洞等。

  (2)拜尔贝(Beilby)层。经切削加工后,在几个微米或者十几个微米的表层可能发生组织结构的剧烈变化,使得在表面约 10nm 的深度内形成非晶态的薄层。

(3) 表面存在大量的活性晶格点。打磨加工后的零件表面比电解抛光或低温退火预处理后的表面更活泼。

(4) 残余应力。机加工后,除了表面产生拜尔贝层外,还存在着各种残余应力,按其作用范围大小可分为宏观内应力和微观内应力。

(5) 表面氧化、吸附和黏污。即只要固体暴露在空气中,其表面总是被外来物质所污染,被吸附的外来原子占据不同的表面位置,形成有序或无序排列,也引起了固体表面的不均一性。

总之,实际固体表面的不均一性,使固体表面的性质悬殊较大,从而增加了固体表面结构和性质研究的难度。

2. 固体表面力场

固体表面上的吸引作用,是固体的表面力场和被吸引质点的力场相互作用所产生的,这种相互作用力称为固体表面力。晶体中每个质点周围都存在着一个力场,在晶体内部,质点力场是对称的。但在固体表面,质点排列的周期重复性中断,使处于表面边界上的质点力场对称性破坏,表现出剩余的键力,称之为固体表面力。根据性质不同,表面力可分为化学力和分子引力。化学力本质上是静电力,主要来自表面质点的不饱和价健,可以用表面能的数值来估计。分子引力是指固体表面与被吸附质点(如气体分子)之间相互作用力,是固体表面产生物理吸附和气体凝聚的重要原因,主要包括定向作用、诱导作用和分散作用 3 种不同效应。

## 1.1.2 固体的表面能与表面张力

表面能是指每增加单位表面积体系自由能的增加量;表面张力是扩张表面单位长度所需要的力。液体的表面能和表面张力在数值上是相等的。

### 1. 共价键晶体表面能

表面能( $U_s$ )是破坏面积上的全部键所需能量的一半,即

$$U_s = \frac{1}{2} U_b \tag{1.1}$$

式中 $U_b$ ——破坏化学键所需能量。

### 2. 离子晶体的表面能

固体的表面能用晶体中一个原子(离子)移到晶体表面时自由能的变化来计算,即

$$\gamma_0 = \frac{L_s U_0}{N\left(\dfrac{1 - N_{is}}{N_{ib}}\right)} \tag{1.2}$$

式中  $\gamma_0$ ——0K 时的表面能(s/m$^2$);

  $L_s$ ——1m$^2$ 表面上的原子数;

  $N_{is}$, $N_{ib}$ ——分别表示第 $i$ 个原子在晶体表面和晶体内部时最邻近的原子数目(配位数);

  $U_0$ ——晶格能;

  $N$ ——阿伏加德罗常数。

式(1.2)计算的结果往往与实际测定结果不一致。主要表现在:表面与内部结构不同、表面的原子数减少(松弛和重建),这会导致实际值比计算值降低;实际表面凹凸不平,要比理想表面的面积大,使实际值比计算值增加。显然,固体、液体表面能还受温度、压力、第二相接触物等因素的影响。

### 1.1.3　固体的界面行为

#### 1. 晶界应力

多晶材料中,因晶粒大小与形状毫无规则,使得晶粒取向不同出现的边界,即为晶界。晶界是结晶时直接产生的,当各结晶中心进一步长大并相遇汇合时形成晶界。再结晶、晶体生长、退火、相变或烧结作用都会改变晶界并使之移动。由于晶界上两个晶粒的质点排列取向存在差异,双方都促使质点排列符合各自的取向,当能力达到平衡时,就形成了过渡的排列方式。这种具有规律的排列比正常晶格的规律性要差,存在着很多空位、位错与键变形等缺陷,处于高能阶状态,具有特殊性质。

其中,晶界应力则主要由两晶相或者不同结晶方向上的热膨胀系数不同引起。除与热膨胀系数有关外,还与温度变化、晶粒尺寸有关。对层状复合体,其晶界应力为

$$\tau = k \cdot \Delta\alpha \cdot \Delta T \cdot \frac{d}{L} \tag{1.3}$$

式中  $\tau$ ——晶界应力;

  $\Delta\alpha$ ——热膨胀系数之差;

  $\Delta T$ ——温差;

  $d$ ——晶粒直径或薄片厚度;

  $L$ ——层状物长度。

晶界应力与热膨胀系数差、温度变化及厚度成正比。晶粒越粗大,材料强度

越差;反之,材料的强度与抗冲击性越好。

## 2. 界面效应

固体界面总是与气相、液相或其他固相接触。在表面力的作用下,接触界面会发生一系列物理或化学过程。

1)弯曲表面产生的附加压力

由于表面张力的存在,使弯曲表面产生一个附加压力。若平面的压力为 $P_0$,弯曲表面产生的压力差为 $\Delta P$,则总压力为 $P = P_0 + \Delta P$。附加压力 $\Delta P$ 有正负,其符号取决于 $r$(曲面的曲率)。如图1.1所示,凸面 $r$ 为正值;凹面 $r$ 为负值。

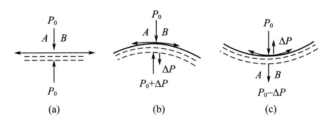

图1.1 弯曲界面上的压力差

$\Delta P$ 的方向与表面相切,$\Delta P$ 有正负。凸面曲率半径 $r > 0$,$\Delta P > 0$;凹面曲率半径 $r < 0$,$\Delta P < 0$。其总是指向曲面的曲率中心,有

$$\Delta P = \frac{2\gamma}{R} \tag{1.4}$$

对于非球面的曲面,有

$$\Delta P = \frac{\gamma}{\dfrac{1}{r_1} + \dfrac{1}{r_2}} \tag{1.5}$$

式中 $r_1$,$r_2$——曲面的曲率半径。

毛细管力:若两块相互平行的平板间的液体液面上附加作用力为 $\Delta P = r/r_1$($r \approx \infty$),当 $r_1$ 很小时,这种压力为毛细管力。

2)弯曲表面的蒸发压

液滴的蒸发压大于同温度下平面液体的蒸发压,它们之间的关系可用开放方程(1.6)描述,即

$$\frac{\ln P}{P_0} = \frac{2Mr}{\rho RT} \cdot \frac{1}{r} \tag{1.6}$$

式中 $P$——曲面蒸气压;

$P_0$——平面蒸气压;

$r$——球形液滴的半径;

$\rho$——液体密度；

$M$——分子量；

$R$——气体常数。

所以,球形液滴表面蒸气压随半径减小而增大。

对于毛细管,有

$$\frac{\ln P}{P_0} = \frac{2Mr}{\rho RT} \cdot \frac{1}{r} \cdot \cos\theta \qquad (1.7)$$

式中　$r$——毛细管半径;$r<0$(凹)。

毛细管凝聚:如在指定温度下,环境蒸气压为 $P_0$ 时($P_凹 < P_0 < P_平$),则该蒸气压对平面液体未达饱和,但对管内凸面液体已呈过饱和,此蒸气在毛细管内会凝聚成液体。这个现象称为毛细管凝聚。

### 1.1.4　湿润与吸附

#### 1. 湿润

湿润是一种流体从固体表面置换另一种流体的过程(图1.2)。Osterhof 和 Bartell 把湿润现象分成附着湿润、浸渍湿润和铺展湿润3种类型。如图1.3所示,表征湿润性能的参数一般有湿润角和黏附功,在液、固、气三相的接触点,处于平衡条件下引入杨氏(T. Young)模量得

$$\sigma_{SV} - \sigma_{SL} = \sigma_{LV}\cos\theta \qquad (1.8)$$

式中　$\sigma_{SV}$, $\sigma_{SL}$, $\sigma_{LV}$——分别为固/气、固/液、液/气的表面张力；

　　　$\theta$——湿润角。

当湿润角 $\theta < 90°$ 时称为湿润;当 $\theta > 90°$ 时称为不湿润;而在两种极端情况下($\theta = 90°$ 和 $\theta = 180°$)则分别是完全不湿润(图1.3)。

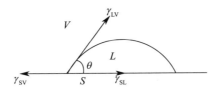

图1.2　液滴在平滑固体表面上的湿润角

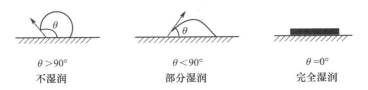

图1.3　湿润与液滴的形状及湿润角 $\theta$ 的关系

当用黏附功来衡量湿润程度时,即为单位黏附界面拉开所需的功,有

$$W_{SLV} = \sigma_{SV} + \sigma_{LV} - \sigma_{SL} = \sigma_{LV}(1 + \cos\theta) \qquad (1.9)$$

式中　$W_{SLV}$——黏附功,指分离黏着的两相所需的功,其数值越大则黏着性越好,即湿润性越好。

方程式(1.8)、式(1.9)即是著名的 Young - Dupre 方程。

金属与陶瓷界面的湿润过程可分为非反应湿润和反应湿润。非反应湿润是指界面湿润过程中不发生化学反应,湿润过程的驱动力仅仅是扩散力和范德华力。其中液态金属的表面张力是决定液态金属是否能在固相陶瓷表面湿润的主要热力学参数。由于界面间的化学反应形成的反应产物而形成的湿润,即为反应湿润。该过程中,液相的表面张力并不影响金属—陶瓷界面的湿润特性。

## 2. 吸附

吸附是固—气界面行为,指一种物质的原子或分子(即吸附物,通常为气体)附着在另一种物质表面(即吸附剂,通常为固体)的现象。

吸附的本质是固体表面力场与被吸附的气体分子发出的力场相互作用的结果。根据相互作用力的性质不同,可分为物理吸附和化学吸附两种。物理吸附由分子引力引起,化学吸附则由化学力引起。

固体的表面吸附对其结构和性质的影响如下。

(1)降低表面能。吸附膜降低固体表面能,使之较难被湿润,从而改变了界面的化学特性,所以在涂层、镀膜、材料封接等工艺中必须对加工面进行严格的表面处理。

(2)降低材料机械强度。根据格里菲斯(Griffith)材料断裂应力($\sigma_c$)公式,可以得到吸附膜的特点为 $\gamma$ 降低,则 $\sigma_c$ 降低。

$$\sigma_c = \sqrt{\frac{2E\gamma}{\pi}} \qquad (1.10)$$

式中　$E$——弹性模量;

　　　$\gamma$——表面能;

　　　$\pi$——裂纹长度。

(3)改变金属材料功函数。吸附膜改变金属材料的功函数,从而改变它们的电子发射特性和化学活性。功函数是指电子从它在金属中所占据的最高能级迁移到真空介质时所需的功。

对于活泼金属,吸附物电离势(原子失去一个电子所需要消耗的能量)小于吸附剂功函数,则电子从吸附物到吸附剂表面,在吸附界面上形成一个正端朝外

的电矩,使功函数降低;对于非金属原子,吸附物电子亲和能(原子获得一个电子所放出的能量)大于吸附剂功函数,则电子从吸附剂表面迁移到吸附物,在吸附界面上形成一个负端朝外的电矩。使 $\Phi$ 增加。由于功函数的变化改变了电子的发射能力和转移方向,因此吸附膜的这种行为与电真空器件中的阴极材料和化学工业中的催化材料的性能关系甚大。

(4)调节固体间的摩擦和润滑。润滑作用的本质是基于吸附膜效应。因为摩擦起因于黏附,吸附膜可以通过降低接触界面的表面能而使黏附作用减弱。

### 1.1.5 界面湿润对金属—陶瓷界面的影响

金属—陶瓷是典型的固体体系,其形成的界面处产生的迁移而使得湿润模式更加多样化。比如,Eustathopoulos 等对金属—陶瓷体系的湿润研究后,提出界面反应产物理论,认为活性金属—陶瓷湿润性的关键不是界面化学反应,而是界面反应产物,湿润会在液相界面的反应产物上进行,C 在 Cu—SiC 湿润体系界面的产生,使体系湿润性急剧下降而影响界面性能。但是,金属间化合物 $Ni_2Al_3$ 在 Ni – Al—$Al_2O_3$ 湿润体系界面中发挥积极的作用,显著降低接触角。

X. B. Zhouz 等提出陶瓷体积变化的准则,指出金属相或陶瓷相体积的变化影响着湿润效果的好坏。当反应导致陶瓷体积减小时,由于陶瓷相体积收缩导致界面空洞产生,进而抑制液态金属的湿润性能,如 Al—$SiO_2$ 体系由于界面反应使 $3SiO_2$ 变成 $2Al_2O_3$ 造成基体体积收缩,在三相界面产生空洞抑制液态金属的进一步铺展,此时界面产物控制湿润过程。相反,当界面反应使陶瓷相体积增加时,如产生的 Ti – Al – O 化合物,由于界面自由能变化,固 – 液界面在动态平衡时为零,会有效改善界面的湿润性能。

金属 – 陶瓷复合体系的重要基础就是在相界面处结合牢固,这必须遵循:①金属对陶瓷具有良好的湿润性,金属与陶瓷颗粒间的湿润能力是衡量金属陶瓷组织与性能优劣的主要条件之一,湿润能力越强,则金属形成连续相的可能性越大;②金属与陶瓷相无强烈的化学反应,如果界面反应剧烈,形成脆弱化合物,就无法利用金属相改善陶瓷相的性能;③金属相与陶瓷相的热膨胀系数差异不能太大,膨胀系数相差较大会造成较大的内应力,降低金属陶瓷的热稳定性。

对于热喷涂涂层,粒子沉积在涂层中,瞬间硬质相与金属黏结相之间湿润,粒子表面能随温度下降而降低,其湿润过程主要为非反应湿润。伴随相变产生体积收缩,涂层内部会形成界面,如果能在沉积过程中发生反应湿润,并且反应产物会使体积增长,会改善孔隙率,提高涂层性能。

根据湿润与吸附的论述,由于喷涂粒子自由能较高而加速反应湿润。显然,通过合金化来提高粒子的湿润性,实际上就是降低液—固界面张力 $\sigma_{SL}$。由两个陶瓷相晶粒组成的大颗粒,其界面是易溶处。当 $\sigma_{SL}$ 降低时,液相向晶界内流动性增强,随着溶解过程的不断发生,晶界被最终溶穿,大颗粒变为小晶粒,从而达到细化晶粒的目的。其原则为:降低黏结相的液相形成温度,提高黏结相对陶瓷颗粒的湿润性,降低陶瓷相元素在黏结相中的扩散系数。

根据 Gibbs 等温吸附方程,晶界处的溶质元素吸附量增加, $\Gamma$ 值增大,使表面活性元素 $\sigma$ 值降低,既促进了液相对陶瓷颗粒的湿润性,又降低了陶瓷向周围溶质元素的扩散系数。

$$\Gamma = \frac{c}{RT}\left[\frac{\partial \sigma}{\partial c}\right] \tag{1.11}$$

式中　$\Gamma$——溶质在界面(表面)的吸附量;

　　　$c$——溶质在溶液中的平衡浓度;

　　　$\sigma$——界面(表面)张力。

# 1.2　摩擦表面固体润滑

表面在载荷作用下发生变形,摩擦功变成的热能使表面温度升高,引起表面的物理、化学性能以及表面晶体结构或力学性能变化。这样,摩擦表面不断被损伤或磨损,而摩擦过程中润滑剂会与表面产生不同的效果或发生不同的反应,又会改变表面的状况。摩擦界面科学与摩擦机制设计从 0.1nm 到宏观尺度范围,包括电子、分子、连续体 3 个模拟设计层次,跨越了纳米—微米—宏观等尺度,摩擦状态的表面与摩擦物理、化学问题是复杂的摩擦学问题。

## 1.2.1　固体表面的接触

由于摩擦力主要来自黏着面的屈服剪切力,根据接触状态,摩擦可分为两类:常规摩擦,两表面被磨屑撑开,实际接触面积很小;无磨损光滑表面的摩擦,达到分子尺度的密合接触,称为界面摩擦或微观摩擦。

1. 固体表面接触

接触理论是研究固—固界面问题的基础,其核心是建立载荷与真实接触面积、法向位移之间的关系。固体表面之间的接触模型一般从理想光滑表面间的接触模型出发。接触理论已从早期的宏观 Hertz 弹性接触理论发展到考虑表面力作用的 JKR(Johnsonk、Kendall 和 Roberts)和 DMT 理论、弹塑性接触理论及黏弹性接触理论。自 20 世纪 60 年代以来,已经提出随机粗糙面间的弹性接触模型和弹塑性接触模型。

固—固界面和固—液界面的黏着是指两接触表面法向分力需要克服一定大小的力的现象。黏着力可不依赖于摩擦而单独存在,但大多数情况下摩擦力和黏着力同时出现。研究表明,考虑黏着过程中的非平衡稳态界面作用,两表面法向运动产生的单位面积黏着滞后与侧向运动产生的摩擦能力耗散之间存在定量关系。

### 2. 分子间接触

摩擦理论一直是界面作用的关键和核心问题。20 世纪 50 年代,英国学者 Bowden 和 Tabor 提出黏着摩擦理论,即摩擦来自真实接触面积处黏着点或表面膜的剪切抗力。近年来,人们更多从原子、分子尺度开展纳米摩擦学研究,认为摩擦力主要与界面弹性系统在滑动过程中存在能量积累和突然释放的非稳态过程相关,导致原子振动并最终耗散为热。这一类摩擦称为界面摩擦、原子尺度摩擦和声子摩擦等。界面处的分子、原子失稳与所在基体材料力学特性也有密切关系,微观的界面能量耗散导致宏观摩擦现象中的热、力、振动、噪声等现象。微观尺度下,无法利用连续介质动力学来描述处于原子、分子状态的固体或液体的动力学特性,这需要通过分子动力学进行模拟。纳米尺度下,真实接触面积需要根据化合物的数目和分布来定义。

最终的摩擦是由摩擦副材料跨尺度特性共同决定的,微观分子、原子尺度的接触和作用需要与宏观材料的犁削性能结合,建立跨尺度物理模型,系统、全面揭示宏观摩擦学现象与微观原子、分子尺度的表面界面作用的联系,这是微观摩擦机理解决宏观实际问题的重要桥梁。

## 1.2.2 摩擦与磨损

由于实际固体表面的特征,摩擦力成为破坏黏着材料内部微观变形的作用力,磨损则表现为对材料的破坏。此时,材料亚表面会发生弹性或者塑性变形,并且在浅表面伴随一定的微断裂,经过周期疲劳作用,微裂纹不断扩展进而产生疲劳破坏。

解决结构表面的磨损问题,需要关注以下因素。

(1)速度。通常,随着速度增加,摩擦系数减小。Haltner 发现摩擦速度越高,温度上升越快,放出气体越多,摩擦系数降得越低。另外,在摩擦热的作用下,基材如果软化,则润滑相就会失去作用。

(2)载荷。1965 年,Karpe 曾用弹塑性接触理论解释了 $MoS_2$ 膜随着载荷增加而摩擦减小的现象。

（3）界面转移。湿度较高时，$MoS_2$有着较高的转移性能，寿命随之降低。当有较多的转移量时，转移就会成为相互间的行为，如果能达到这样一种较为平衡的状态，润滑膜的寿命就会增加。

（4）湿度和温度。这两者构成了涂层的工作环境，很难独立地去考虑某一种因素的影响，往往是共同的作用，如温度升高，吸附量和相对湿度都会有所变化。温度会带来基材和润滑剂的力学性能的变化，如基材表面的氧化等，相同的涂层材料在不同的基材上会得到不同的摩擦效果和不同的寿命。

（5）杂质。石墨中的杂质会给石墨的润滑性带来影响，如人造石墨中含有氧化铁杂质超过1%时，材料的耐磨性增强，但是摩擦系数下降。

（6）粒度与形状。如粒径为$7\mu m$和$0.7\mu m$的颗粒，大粒径粒子的导热较弱，而且二者表面积比达到1∶100，结构表面特性明显不同。根据粉末的加工工艺，圆形粒子的成型性与沉积时黏附性较好。

（7）环境。如石墨的磨损率和水蒸气的压力有很大关系，压力越大，磨损率越小。很多气体（如丙烷、戊烷、庚烷、水蒸气等）对石墨的润滑性能影响很大，且在粒度很小时作用更加明显。

### 1.2.3 润滑原理

润滑是降低摩擦和磨损的主要技术途径。常用的润滑方式包括流体润滑和固体润滑。流体润滑可以实现$10^{-3}$以下较低的摩擦系数，但不适合在低温、真空、高温、空间等条件下的应用。固体润滑在解决高精密、微尺寸、特殊工况条件下的润滑方面发挥了润滑油（脂）难以替代的作用，但与油脂润滑相比较，常规的固体润滑的摩擦系数要高出几十倍甚至上百倍。

#### 1. 流体润滑

流体润滑指利用流体压力让两相对运动表面脱离直接接触实现减摩抗磨。根据润滑膜厚度变化，流体润滑可以分为边界润滑、薄膜润滑和弹性流体动力润滑。边界膜的形成、成分、构造与失效，其发展与演变的原位观察是边界润滑中的重要问题。薄膜润滑具有润滑剂分子结构从边界膜到有序膜再到无规则排列变化的特征，其润滑失效机理、有序无序膜的流变特性等基础问题是研究的重点。弹流润滑以黏性流体膜为特征，典型膜厚在$0.1\mu m$以上，自20世纪40年代建立弹性流体润滑理论以来，其理论体系趋于完备，并将向表面界面相关的物理化学领域扩展。空气润滑始于19世纪末，在气体动压轴承上应用成功以后，在精密仪器和装备、计算机硬盘中得到广泛应用。

## 2. 固体润滑

固体润滑分为厚膜/涂层润滑和块体自润滑。假设硬金属和软金属组成摩擦副,如图1.4所示。摩擦过程中,涂层材料会向对磨面转移,使得对磨面与润滑涂层间的摩擦发生膜转移。

在摩擦过程中,摩擦副所处的工况与涂层的制备工艺应当发挥重要作用。研究表明,摩擦系数的大小和摩擦面间与平均剪切应力荷载有关,即

$$\mu = 2.276\bar{\tau}\left[\left(\frac{1-\upsilon_1^2}{\pi E_1}+\frac{1-\upsilon_2^2}{\pi E_2}\right)\frac{R}{\sqrt{P}}\right]^{\frac{2}{3}} \tag{1.12}$$

式中　$\mu$——摩擦系数;

$\bar{\tau}$——平均剪切应力;

$\upsilon$——泊松比;

$E$——弹性模量;

$R$——钢球半径;

$P$——载荷。

随着载荷的增加,摩擦更加剧烈,摩擦副间的温度不断升高,进而发生摩擦化学反应,生成氧化物或釉质层,使得摩擦面间的剪切应力维持不变或者更小,因此,随着载荷的增加,摩擦变得更加平缓。在不含氧的气氛中,随着载荷的增加,摩擦面间的平均剪切应力随之增加,根据公式(1.12),可知摩擦系数可基本保持不变。

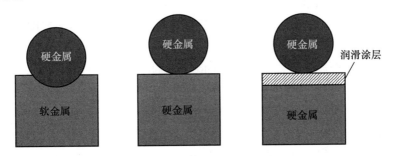

图1.4　固体自润滑原理

从材料表面看,较低硬度和较高表面能的材料有明显的转移倾向。而对偶摩擦面的表面凸峰的弹性会不停地捕获润滑剂颗粒,在吸附作用下镶嵌于摩擦表面,进而改变摩擦系数。由于润滑相的转移,在摩擦表面形成新的复合膜可以有效改善表面的摩擦性能。同时,新鲜的金属表面会起到催化作用,其晶格的缺陷以及表面向外逸的电子会被处于一定气氛中的金属表面吸收,在物理和化学

的作用下形成新的物相。

对于表面附着层,摩擦系数等于润滑膜的剪切阻力与基材硬度的比值,大部分的滑动变形都是在膜内部进行,这对基材的影响非常小。在摩擦热的影响下,黏结相和基体发生相变而导致润滑剂失效。当然温度和载荷的增加都有一定的极限值。周围的气氛也影响固体润滑剂的转移特性。例如,G. W. Rowe 在研究石墨抗弯强度与摩擦系数的关系时,发现在脱气后即使在高温下,石墨的摩擦系数和抗弯强度都较高,说明吸附气体使得石墨的强度降低了。Lancaster 认为,层状的润滑剂在垂直于底面的方向上是极硬的,能够很好地嵌入到基材中,以嵌入部分为核心形成较好的涂层,但在除去润滑膜时会伤害基材,另外,很难在某种硬度限度以上的基材表面形成涂层。

### 1.2.4  固体自润滑涂层的协同设计

单相固体润滑涂层与固体润滑材料很难满足不同环境条件摩擦表面的减摩要求。研究显示,将多种固体润滑剂组合,可以得到宽温域的自适应涂层。固体润滑复合材料的组成,主要包括基相、润滑相、耐磨相和一些其他的特殊辅助相。充分协调好组分关系,能获得优异的涂层性能,如高分子基固体润滑材料适合低温区间,金属基以及金属间化合物复合固体润滑材料在中温区使用较好,而陶瓷基复合固体润滑材料则适合在高温环境中使用。因此,获得优异的宽温域自润滑性能需要满足以下条件。

(1)考虑涂层的适用速度与工作载荷。其乘积即 $Pv$ 值,根据工况条件确定涂层的承载,进而确定涂层的骨架。

(2)考虑润滑剂相的适用温度。每种润滑剂都有适用温度范围,合理运用各相的适用温度才能选择和设计出合格的固体自润滑涂层,如超过800℃时氟化钡、氟化钙和金属氧化物具有良好的减摩性能,但在200℃以下不具有自润滑性能。

(3)考虑润滑剂相的氛围。$MoS_2$ 在真空中的磨损速率明显较高,液体环境也会给涂层带来影响。涂层中存在的裂纹会在液体的作用下向纵深发展,影响涂层的寿命。石墨和 BN 的润滑对气氛和与基材的结合性有密切的关系,导致在一个中间温度区域没有润滑效果。

(4)考虑涂层的结合强度。确保涂层具有一定的强度,尤其是润滑相与基体界面具有较强的结合力,从而保证涂层的寿命。

(5)考虑表面结构改进。研究和改进表面的微观结构,对表面进行结构的微细化和纳米化也有积极的意义。常见的有两种方法,即微观颗粒表面的改性和基体表面织构化。

# 1.3 特种润滑涂层技术发展

高温固体润滑技术突破了传统润滑材料的使用极限,为解决现代装备的高速负载、特殊介质以及复杂环境下的摩擦磨损问题提供了有力的支撑,是解决宇航、热动力机械和金属热加工等高温摩擦副条件下润滑问题的重要途径,是近年来研究的热点。在装备领域,航空航天、高速动车组、大飞机工程、汽车发动机、轨道交通、绿色能源发电、核电和深海探测等重大装备,采用高温自润滑涂层实现关键摩擦副的润滑已成为趋势,尤其是针对高温应力明显的摩擦副润滑问题的解决。

## 1.3.1 固体润滑涂层的研究现状

在摩擦副表面,由于环境复杂、温变范围大,润滑脂会降解失效或因过载产生局部分离失效,固体自润滑技术成为获得可靠摩擦学性能的重要途径。其中,宽温域固体自润滑复合涂层的研究源于 NASA(美国国家航空航天局)的 PS 系列高温润滑涂层配方体系,以抗高温、抗氧化高强度材料为基体相,添加合适的固体润滑组分,利用特定的工艺形成复合涂层,根据结构组成,可分为金属基自润滑复合技术、过渡族金属自润滑技术以及陶瓷基复合材料等。

### 1. 宽温域金属基固体自润滑涂层

宽温域固体自润滑涂层主要选择 Cr、Mo、Ti、Al、Ni 等合金元素对 Co 进行固溶强化,采用高温烧结技术预制合金粉末优化合金元素含量,获得高温抗氧化、力学性能和抗磨性能优异的材料体系,筛选合理的宽温域固体润滑剂形成协同润滑效应,常温环境通常选择石墨、硫化物、Au、Ag 等;高温环境优先选择氟化物($CeF_2$、$CaF_2$、$BaF_2$ 及其共晶化合物)、稀土化合物($CeO_2$、$La_2O_3$)等;强化相通常选择陶瓷相($ZrO_2$、$Al_2O_3$、$SiO_2$、$Cr_2O_3$)和高强度纤维(碳纤维、玻璃纤维、SiC 纤维等),进而采用合适工艺在摩擦副表面原位生成宽温域固体自润滑涂层。仅国内就有如中国科学院兰州物理化学研究所的薛群基院士、刘维民院士领衔的课题组研究了 $Ni_3Al$ 基复合自润滑涂层的高温润滑特性,并在考察 WC、TiC、$Cr_2C_3$ 等硬质合金的基础上,采用 $(Wl-xAlx)C(x=0 \sim 0.086)$ 作为硬质相制备自润滑硬质材料。太原理工大学崔功军副教授研究了 Co 基自润滑复合材料。例如,WC 在常温下具有相当高的硬度,且至 1000℃ 均保持稳定的硬度,是高温环境硬度最好的碳化物。同时,WC 与 Co 的湿润性好,在升高到一定温度时,能溶解于 Co 金属中,当温度降低时又析出碳化物骨架,使 WC 能用 Co 作为黏结相

15

进行高温烧结复合,成为很好的耐磨涂层。目前广泛应用于热喷涂领域的WC - Co具有良好的耐磨减摩性能,为提高耐腐蚀性能,又在此体系中引入Cr,既改善硬质颗粒与金属相的结合强度,还为涂层提供优异的耐腐蚀性能。荆琪对纳米结构碳化钨钴($n - WC/12Co$)涂层精密磨削的残余应力进行了研究,通过建立有限元模型,考虑加载、卸载以及涂层内部的瞬时温度变化,计算得到涂层中的残余应力状态。姜超平等采用大气等离子喷涂技术制备了WC复合涂层,研究出了涂层优良的耐磨性,提出由于涂层在制备过程中不可避免地存在孔隙,会导致涂层的孔隙处常常出现断裂和塌陷。张忠诚等采用空气助燃超音速火焰喷涂技术制备了WC涂层,研究了涂层的耐磨性、结合强度等性能,得出了在使用WC涂层的工件比不使用涂层的工件寿命高将近4~6倍。火箭军工程大学也开展了NiCr基宽温域复合固体自润滑涂层的研究,引入了$WSe_2$和hBN在30~800℃内保持0.23~0.33的摩擦系数。这些成果有的已经应用于工程应用中,制备的涂层一旦消耗掉在使用过程中无法再生,很容易发生疲劳磨损失效,这些限制了其在重载环境下的应用。

### 2. 过渡族金属三元氧化物为主的固体自润滑技术

最先由美军Wright - Patterson空军基地的Zabinski等提出,并利用摩擦化学反应生成三元氧化物高温固体自润滑相,在高温条件下形成$PbMoO_2$高温润滑剂,实现从室温到700℃的可持续润滑。Ag与过渡族金属元素构成的三元金属氧化物$AgTM_xO_y$是受到广泛关注的高温固体润滑剂,能在600℃以上起到优异的润滑效果,填补了800~1000℃甚至更高温度范围固体自润滑剂的空白。近年来,集中在利用高温摩擦化学反应生成钼酸银润滑相,进而实现自适应润滑行为的硬质薄膜涂层,其中$Ag_3VO_4$、$AgNbO_3$、$AgTaO_3$处于起步阶段。

### 3. 陶瓷基复合固体自润滑技术

其主要优势是陶瓷材料硬度高、密度小,高温强度稳定,耐磨性能优异,目前以$Al_2O_3$、SiC、TiC、$ZrO_2$等为基体的高温自润滑复合材料都有所报道。尤其是$ZrO_2(Y_2O_3)$陶瓷具有更优良的抗磨损性能、韧性和强度,如哈尔滨工业大学欧阳家虎教授课题组利用等离子体烧结技术制备的高温自润滑复合材料,在宽温域范围内作为润滑剂对氧化锆陶瓷基复合高温复合材料的润滑作用,并在低速条件具有优异的润滑性能。Lei Gu等采用磁控溅射制备的$MoS_2 - C$涂层硬度可达到10.1GPa,当采用钛打底过渡层时,涂层与基体之间的结合强度得到明显提高。然而,陶瓷材料脆性大、硬度高、机械加工性能差、增韧性能不足,难以加工成形状复杂的精密部件,陶瓷基体与各类黏结剂及润滑剂等相之间的湿润性

16

能较差,影响了陶瓷基复合材料的力学强度,相关界面的物理、化学特性研究,缺少有效的解决方法。为此,科学家们通过陶瓷基结构复合材料来提高其服役可靠度,如通过仿生设计保证优异的力学性能和摩擦学性能。中国科学院兰化所胡丽天研究员课题组制备的 $Al_2O_3/Mo$ 层状自润滑结构陶瓷兼具优异的力学性能和摩擦学性能,断裂韧性达到 $9.1MPa \cdot m^{1/2}$,800℃时的滑动摩擦系数降至 0.3。Launey 等设计制备的陶瓷金属复合材料,实现了 $Al_2O_3/Al-Si$ 层状复合材料 $40MPa \cdot m^{1/2}$ 的断裂韧性。Guangyong Wu 等克服传统陶瓷复合材料的力学性能和摩擦学性能之间的矛盾,制备的 $Al_2O_3/TiC/CaF_2$ 梯度复合材料具有优异减摩性能和耐磨性能,弯曲强度、硬度和断裂韧性分别提高了 21%、16% 和 5.9%。Jie Ren 等原位制备了性能优良、成本低廉的 $CF/Al_2O_3$ 自润滑复合材料。Wei Wang 等采用熔渗工艺在碳化硅陶瓷表面形成 $Ti_3Si(Al)$ 涂层,摩擦系数为 0.34 ~ 0.38,其结构中存在的界面很好地控制高温蠕变与残余应力,并通过纳米效应进行增韧。总体来看,陶瓷复合材料的宽温域摩擦系数普遍较高,只有提高结构陶瓷复合材料的可加工性能,降低其摩擦系数,其应用于装备球窝喷管关节结构的工程问题才能得到有效解决。

4. 表面织构化

科学家还用高性能自润滑衬垫与表面织构化调整摩擦副界面间的摩擦学问题。例如,中国科学院兰州化学物理所在织物自润滑衬垫摩擦学性能研究方面做了大量的基础性工作;燕山大学 Y. L. Yang 等研究了表面结构化对 PTFE/Kevlar/酚醛树脂自润滑衬垫摩擦学性能的影响,发现其与 PTFE 的玻璃化转变和熔融温度关系密切;汤占岐等从表面形貌设计、制造以及性能评价角度发现织构深度为 5 ~ 10μm、直径为 100 ~ 200μm、面积密度为 5% 时,摩擦性能最优,证明了表面织构可使摩擦副在较大的载荷与速度范围内保持在流体润滑状态,呈现较低的摩擦系数。

## 1.3.2 固体润滑涂层制备工艺研究现状

涂层的制备离不开各种表面工程技术,表面工程技术不仅可以高效地实现失效零部件的修复,节约大量的能源和材料,还可以改变零件表面的材料和结构,优化产品的表面性能。目前常用于制备固体自润滑涂层的技术有电化学沉积技术、电刷镀技术、离子镀技术、超声速喷涂技术、等离子喷涂技术和溅射沉积技术等。

### 1. 电化学沉积技术

电化学沉积作为一种表面技术,还是一种很好的研制新材的方法。它使电解液中的金属离子在电场的作用下在电解池的阴极还原并沉积。随着发展,利用它还可以制得成分和界面密度都可调的多层涂层,基材的种类也不仅仅局限于金属,还可以是导电玻璃和半导体等。目前已制备的有 Ni/NiP、Ni - Cu/Cu、Ag/Pd、Cr/Ni 等金属多层膜。

按照沉积设备的不同,电沉积方法可以分为液流法、单槽法和多槽法。液流法是将不同的电解液按周期性的规律流过基体来制备多层膜,效率较低,不宜进行工业生产。单槽法是利用金属间的活性差异而设计的脉冲电沉积过程,它的缺陷是在没有脉冲的间隔中金属间会发生置换反应,从而影响多层膜间的成分。多槽法是将电极放在不同的电解质溶液中进行反应,不停地进行清洗和活化,导致表面氧化、溶解等复杂的化学反应,目前用得比较少。

## 2. 电刷镀技术

金属电刷镀具有体积小、重量轻、便于携带的特点,其镀液大多为金属有机配合物水溶液,金属离子的含量比较高。在刷镀的过程中工件和镀笔间做相对运动,使得工件结晶持续、散热良好。为了得到结合强度较高的涂层,在电净和活化以后一般先镀打底层,而后进行欲镀液的刷镀。目前,电刷镀在恢复零件尺寸精度、强化零件表面和装饰零件表面等领域应用十分广泛。逆变电源的出现,更加促进了该技术的推广。为得到新的材料,现在各种复合镀液成为研究方向,在工艺方面,实现与其他表面工程技术的有机结合也是一个很有前景的研究方向,如与计算机工程结合可得到智能电刷镀技术,和减摩技术结合可以提高涂层的减摩性能。

## 3. 离子镀技术

离子镀技术由 D. M. Mattox 于 1963 年最早提出,是由溅射技术和真空蒸镀技术发展而来的。1973 年村山洋一等发现射频激励法离子镀。目前,不断出现新型的电弧放电型高真空离子镀、多弧离子镀等。根据离子镀料来源的不同,可将离子镀分为蒸发源型离子镀和溅射离子镀;根据镀料原子被电离时的位置,又有一般的离子镀和离子束镀。另外,还有真空离子镀和反应离子镀等。多弧离子镀又称为真空弧光蒸镀法,由美国 Multi - Arc 公司实用化。1991 年 Olbrich 和 Fessman 将脉冲技术引进离子镀产生了脉冲偏压电弧离子镀,为了减少能量的输入,采用了较为先进的脉冲技术,涂层质量的提高主要通过荷能粒子的轰击效应,可以较好地实现在较低的温度下完成金属离子沉积。用 MIP 型多弧离子镀机在 164 ~ 115K 温度下,靶电流 80A,偏压 -600V,氩气气压 $8.0 \times 10^{-1}$ Pa,时间 6min,可在 45 钢基体上得到 733nm 厚的薄膜。

## 4. 热喷涂技术

热喷涂是高温高速气流中将熔融或半熔融的颗粒喷射到基材表面,制备出具有特殊性能涂层的表面工程技术。自从 1910 年 M. U. Schoop 将低熔点金属制成涂层产生热喷涂技术后,20 世纪 20 年代电弧喷涂开始在苏联和德国出现。到 20 世纪 30 年代,火焰喷涂技术开始出现。50 年代中期,美国 Metco 公司在喷涂材料、喷枪和工艺方面处于领先地位。50 年代后期,美国 Union Carbide 公司研究出爆炸喷涂技术和等离子喷涂技术,大大推进了热喷涂的发展。进入 80 年代,美国 Browning Engineering 公司研究出超声速火焰喷涂技术。Metco 公司及瑞士的 Plasma Technik 公司成功研制出等离子喷涂设备。

目前,热喷涂技术都成为固体自润滑涂层制备的可靠技术,研究领域主要为制备工艺、涂层结构与力学性能。徐滨士院士团队利用高速电弧喷涂技术制备的非晶复合自润滑涂层,提高了机械零件的减摩性能,采用等离子喷涂技术制备的高温复合润滑涂层,认为涂层中 $BaF_2 \cdot CaF_2$ 固体润滑相在高温时析出涂层表面,形成低摩擦系数的润滑转化膜,使涂层具有良好的减摩润滑作用。袁建辉等采用等离子技术沉积了 $WC - Co - Cu - BaF_2/CaF_2$ 自润滑耐磨涂层研究了其高温摩擦性能。本书主要研究了超声速火焰喷涂和微弧等离子沉积 $Ni - MoS_2$ 系列复合固体润滑涂层,对涂层的力学性能及摩擦磨损性能进行了研究,获得了制备高性能自润滑涂层的优化工艺。

## 5. 磁控溅射技术

该技术利用磁场来束缚和延长电子的运动路径,改变电子的运动方向,从而提高电子能量的利用率,同时提高工作气体的电离率。该技术容易设计出连续的装置,利于大量生产,可以使得膜的成分和靶材的成分一致,没有辐射的伤害。在制备二硫化钼膜的过程中,用钼板作为阴极,通入 Ar 和 $H_2S$ 作为工作气体,此时,真空度为 2.7Pa,靶压为 300V,靶流为 80Ma,时间为 10min,是目前发展起来的一项新的中频交流磁控溅射技术,工作起来比较稳定,没有阴极"中毒"和阳极"消失"效应问题,但技术还不是很成熟。

## 6. 高能束技术

目前,高能束主要有离子束、激光束和电子束 3 种,蒸发和溅射往往应用的是电子束,在气相沉积中也有体现,现在已经应用到涂层的制备和表面改性领域。在制备复合涂层领域,目前应用比较多的还是采用激光能束的激光熔覆技术。该技术是通过激光的高能量将放在基体表面的复合材料和基体表面同时熔化,经过快速冷却得到以冶金结合方式结合的、具有较强的耐腐蚀和耐磨损性能的致密涂层。V. Yu. Fominski 通过激光真空沉积技术制备了镍基 $WSe_x/DLC$ 固体自润滑涂层,摩擦系数为 $0.03 \sim 0.09$,涂层的使用寿命为 20000 次。王华明等利用 $CO_2$ 激光熔覆,制备 $Al_2O_3/CaF_2$ 陶瓷基自润滑复合涂层,室温下的摩擦系数为 0.48。王新洪等通过激光熔覆技术制备的 Ni 基复合涂层,通过加入稀土元素以及采用 TiC 粒子增强技术,涂层比较致密,摩擦系数较不加稀土元素时有所降低,由 0.6 减小到 0.4。激光熔覆技术使用温度较高,在高温作用下,部分涂层复合材料发生氧化和分解,涂层内部也容易产生微裂纹和热应力,影响了它的应用。

### 7. 离子注入技术

离子注入技术是将能量高达几万到十几万的高能离子注入到材料的表面,改变材料的性能进而得到涂层的一种方法。如利用 IBD 或者 IBAD 技术制得氮化物陶瓷自润滑涂层、Cu – Mo 复合自润滑涂层等。

## 1.3.3 自润滑涂层微观结构与性能耦合研究现状

自润滑涂层的微观结构与涂层性能之间存在显著的关联作用,尤其是在摩擦副运动的过程中存在协同效应。因此,目前研究主要集中于涂层的摩擦系数、磨损量以及磨损表面的表征方面,涂层表面黏着粒子易剥离度对涂层的寿命具有重要的影响。在高温状态下,磨损率与摩擦系数紧密相关,主要由于熔融的金属合金相(NiCr)附着于摩擦表面,降低了摩擦系数,但是由于部分软化而被犁削,并发生向配摩擦副表面的转移,使得高温磨损率较高。由于涂层的硬度均低于摩擦副,磨损开始阶段和自润滑膜破损阶段,都有不同程度的黏着磨损和磨屑磨损发生。而解释其中的科学问题必须依赖于微观组织结构的系统研究。

其微观结构与性能之间多尺度关联的研究主要集中在采用元胞自动机模型、发汗体胞热驱模型、微孔贯通模型以及分子动力学模型等。例如:徐野等建立了摩擦层的变时间步长的二维和三维元胞自动机模型,模拟了磨削运动的变化状态与摩擦材料的表面模型;洪振军等采用分子动力学研究了自润滑涂层的摩擦力学性能,高温自润滑材料浸渗后多孔骨架基体的孔隙被软金属固体润滑剂所占据,其摩擦学性能与基体材料的微观结构密切相关,并利用有限元软件建立了发汗包覆体胞单元材料结构参数对包覆核材料驱动作用的影响关系;武汉理工大学王砚军建立了微孔贯通型高温自润滑金属陶瓷的摩擦学关系,相关研究也得到国家自然科学基金的支持。而针对热喷涂制备的自润滑涂层的关联研究报道较少。但是热喷涂涂层的微观结构与涂层性能之间的关联问题作为该领域一个重要问题,国内外专家都尝试进行深入研究,基本从涂层的生长物理学分析和热喷涂涂层微观结构与宏观性能关联。普遍认为,涂层的生长是热喷涂粒子不断沉积叠加的过程。对于涂层的生长机制分析,除结合实际涂层进行实验分析外,主要集中在数值分析方面,在给定尺度的研究上也比较深入。M. Li 等基于涂层微观结构进行了宏观力学性能的关联分析研究。李长久教授系统研究了熔化粒子在基体上的沉积行为,得到了半熔化粒子的沉积规律,以及对涂层结合强度的影响等,建立了涂层断裂韧性、冲蚀磨损率、弹性模量、热传导率等与结构参量的关系。R. McPherson 研究了等离子喷涂涂层的微观结构、成型机理与涂层性能之间的关系。S. Matthews 等研究了热喷涂 $Cr_3C_2$ – NiCr 涂层中微观结构对涂层的高温腐蚀性能的影响。C. Coddet 采用 OOF2 和 TS2C 对热障涂层的微观结构与热障性能进行了表征。

为了优化和提高固体自润滑涂层摩擦性能,通过数值分析的方法研究和建立涂层微观结构与涂层性能之间的模型也得到许多研究人员的重视。R. Ghafouri Azar 等建立的热喷涂层结构残余应力的模型,通过数值模拟计算对热喷涂涂层残余应力进行了理论分析。W. Tillmann 则通过数值方式建立了电弧喷涂技术制备 WC – FeCSiMn 涂层微观机构与力学性能的模型。B. Klusemann 等建立了基于微观结构的 WC – 12Co 涂层残余应力的模型。诸如此类的研究,在近年国际热喷涂会议中也有报道,说明表面涂层在理论层面也逐渐得到各国科学家的重视。要优化自润滑涂层的性能,并对涂层性能进行调控,根据涂层沉积的特点,建立随机性涂层与涂层性能之间的模型值得研究。

自润滑涂层的摩擦学特性参数的测量与表征较少,需要从微观结构与宏观性能之间关联的角度来研究。有关自润滑涂层性能优化的机制研究,大都建立在对涂层微观结构分析的基础上,如何基于涂层成分与结构进行优化控制涂层微观组织形貌,以及对摩擦磨损性能影响的多尺度机理问题还没有建立起关联。

### 1.3.4 固体自润滑涂层的寿命评估

固体自润滑轴承在运动时产生的摩擦系数较小,具有免维修和无须添加润滑剂的优势,但由于各组分的协调差异会诱发失效。例如徐滨士院士团队研究发现,摩擦副表面的固体自润滑涂层均含有夹杂的氧化物、形成的裂纹、孔隙等先天缺陷,对应力异常敏感,在疲劳循环载荷下可能发生扩展,最终导致接触疲劳,出现磨损失效。显然,固体自润滑摩擦副在服役过程中的磨损失效的发生时机与微观结构、涂层与基体之间的表界面相关,将直接影响摩擦副的服役寿命,但是在使用过程中很难对涂层的寿命进行有效评估。大多数与涂层寿命相关的性能只能通过有限的实验进行表征,带来了很大的实验成本。采用涂层结构可以很好地降低装备表面由于摩擦所造成的失效,降低摩擦系数,减少装备的维修成本,因此,现役的很多装备都采用涂层结构。而涂层材料在复杂环境下经常产生断裂失效,而且涂层的疲劳寿命主要是由裂纹形成的 3 个阶段决定的,即裂纹的形成、扩展及断裂。在使用过程中会因为应力过于集中而产生微裂纹,随着微裂纹的扩展,进而导致涂层的失效。为了适应涂层在服役过程中的维修技术保障,需要对涂层的寿命进行预测与评估。

## 1. 固体自润滑涂层应力损伤

在涂层寿命预测方面,国内外的许多科研工作者结合实验和理论计算进行了预测研究。目前,评估单载荷的简化摩擦接触问题已较好解决,但基于固体自润滑涂层真实结构在复杂载荷下的弹塑性摩擦接触问题,如交变应力作用涂层内部和界面形成的拉压应变而导致的涂层开裂、分层和剥落,以及应力的界面传递等受涂层和基体材料结构界面以及制备工艺的问题,既缺少精确解析的方法,也无法进行系统实验测量,迫切需要开展基础理论研究。此外,当存在热应力时,陶瓷复合涂层会历经表面垂直裂纹在陶瓷层内萌生、扩展并随着载荷增加裂纹数量迅速增至饱和裂纹密度,垂直裂纹延伸至陶瓷/黏结层界面并沿界面扩展形成界面裂纹,界面裂纹连接最终导致涂层剥落 3 个过程。而在压缩载荷时,涂层内的陶瓷层会在界面结合力相对较弱的位置屈曲导致界面开裂,这使得涂层疲劳损伤问题变得更为复杂。而且热应力因素会促使界面接触,导致涂层的微观结构损伤,这类接触疲劳通常认为是交变接触应力场控制的循环裂纹扩展,直接导致摩擦副表面损伤。

## 2. 外部应力—涂层热力学响应—微观结构表现的关联影响

肖洋轶等研究了固体润滑涂层——基体系统的界面分层损伤和涂层裂纹演变及其摩擦学特性,认为在交变载荷作用下,界面结合力较弱以及陶瓷层内的压应力会使陶瓷层发生屈曲,释放出的能量信号会转化为应力波。M. G. R. Sause 等发现声发射能量与裂纹释放总能量呈线性关系。王海斗教授根据疲劳失效时的声发射幅值可以判断涂层接触疲劳失效模式。在损伤过程中,涂层应变时的能量还会在涂层损伤部位诱发温变,此时利用疲劳热像法可根据疲劳过程中的热力学理论对涂层的损伤特性进行评定。但从文献看,大多基于单一检测方法开展的结构疲劳检测与寿命评估,然而每一种检测方法都存在响应盲区,能否采用信息融合形成有效可行的综合评判方法,为固体自润滑涂层内部裂纹扩展特征与应力释放特性建立有效的关系。

### 3. 固体自润滑涂层的微观结构损伤扩展特征与含涂层摩擦副服役寿命之间的关联

近些年,随着结构表面涂层的深入应用,其可靠性寿命预测成为国内外研究的一个热点。结构部件性能退化与失效虽然是随机的动态过程,但都经历渐变—突变—质变过程,并会在突变后导致结构出现退化突变点,在结构表面诱发疲劳剥落的同时显示为剩余寿命变化。基于物理结构特征的寿命预测认为,表面磨损和剥落是影响摩擦副性能和使用寿命的最重要因素,其失效过程多数是基于交变应力诱发的,如较早的 Archard 磨损和 Lemaitre 损伤模型以及加速寿命实验通过特性测试来实现寿命预测,Paris 又刻画了结构内部裂纹的扩展规律。基于此,高惠英等基于当量初始缺陷尺寸、应力强度因子模型以及裂纹萌生与扩展的分界,获得考虑应力水平的初始裂纹与等效裂纹的概率疲劳寿命预测方法。Iyas Khader 对经历混合陶瓷－钢滚动接触的氮化硅部件进行疲劳寿命预测,并采用三维有限元模型应力场,用权重函数法计算了应力强度因子。火箭军工程大学基于 WC/Co 涂层的真实结构法分析显示,WC/Co 涂层结构的非均质特点会导致在细观领域发生不同的应力应变,其中富 Co 周围产生局部大应变,并沿WC－Co 边界产生应力集中,这是涂层中诱发裂纹产生的根源,而且所诱发裂纹的位置、角度是随机的。但是这些研究均未能从涂层的本质结构出发,系统分析研究所形成的涂层寿命特性,尤其是在涂层构建过程最终表现的优异服役特性。诸如,在给定比例粉末中与形成涂层的随机沉积过程中,如何建立有效的关系,即:随机沉积形成的涂层遗传粉末有哪些特性;沉积的涂层是否存在尺寸效应;沉积过程中发生的部分冶金再熔合是否对涂层性能的提高具有积极作用。可见,物理结构寿命分析更依赖于弹塑性材料的基本行为,从物理特性上揭示寿命评估。

### 4. 从统计学角度对系统的健康状态建模为连续的退化过程进行寿命预测

基于状态的寿命预测方法是针对结构疲劳过程中状态突变后剩余寿命难以预测的问题提出来的,表征磨损或裂纹扩展退化的 Gamma 过程、Wiener 过程,进而通过对大量历史运行数据及故障维护数据的分析评估部件的寿命分布,通常对涂层进行疲劳实验得到涂层疲劳寿命数据后,用统计学的方法进行分析,基于Weibull 函数或者正态分布函数分析得到涂层的特征寿命。

显然,机械装备摩擦副具备的高可靠性,与摩擦副结构长寿命服役期内经历的高频振动载荷与工作频次相关。其表面的固体自润滑结构的可靠性事关装备部件的服役可靠性,对于复杂载荷作用下摩擦副磨损研究特性还需丰富,尤其是固体自润滑涂层的可靠性评估理论还需要进一步拓展。

# 参 考 文 献

[1] 国家自然科学基金委员会. 机械工程学科发展战略报告[M]. 北京:科学出版社,2011.

[2] 国家自然科学基金委员会. 2014—2015 机械工程学科发展报告(摩擦学)[M]. 北京:科学出版社,2015.

[3] 胡增幅. 材料表面与界面[M]. 上海:华东理工大学出版社,2011.

[4] 徐滨士. 表面工程与维修[M]. 北京:机械工业出版社,1996.

[5] 曾晓雁,吴懿平. 表面工程学[M]. 2 版. 北京:机械工业出版社,2016.

[6] Vardelle A, Moreau C, Akedo J, et al. The thermal spray roadmap[J]. Journal of Thermal Spray Technology, 2016,25(8):1376 – 1440.

[7] 刘维民,翁立军,孙嘉奕. 空间润滑材料与技术手册[M]. 北京:科学出版社,2009.

[8] 刘金银子,李长生,唐华,等. $CaF_2$ – $MoS_2$ 铁镍基自润滑复合材料的摩擦学性能研究[J]. 真空科学与技术学报,2013. 07:700 – 703.

[9] Huang C B, Du L Z, Zhang W G. Effects of solid lubricant content on the microstructure and properties of $NiCr/Cr_3C_2$ – $BaF_2$ · $CaF_2$ composite coatings[J]. Journal of Alloys and Compounds, Volume 479, Issues 1 – 2,24 June 2009:777 – 784.

[10] Liu X B, Liu II Q, Liu Y F, et al. Effects of temperature and normal load on tribological behavior of nickel – based high temperature self – lubricating wear – resistant composite coating[J]. Composites Part B:Engineering,2013,53:347 – 354.

[11] Ouyang J H, Liang X S, Liu Z G, Friction and wear properties of hot – pressed $NiCr$ – $BaCr_2O_4$ high temperature self – lubricating composites[J]. Wear, Issues 1 – 2,2013,301(1 – 2):820 – 827.

[12] 孟祥军,刘秀波,刘海青,等. 热处理对 $NiCr/Cr_3C_2$ – $WS_2$ 复合涂层组织与性能的影响[J]. 材料热处理学报,2013. 11:188 – 193.

[13] 朱圣宇,毕秦岭,孔令乾,等. NiAl 基高温自润滑材料的制备及其摩擦学性能研究[C]. 第十一届全国摩擦学大会,2013.

[14] Niu M Y, Bi Q L, Yang J, et al. Tribological performance of a $Ni_3Al$ matrix self – lubricating composite coating tested from 25 to 1000℃[J]. Surface and Coatings Technology,2012,206(19 – 20):3938 – 3943.

[15] Zhu S Y, Bi Q L, Yang J, et al. $Ni_3Al$ matrix high temperature self – lubricating composites[J]. Tribology International,2011,44(4):445 – 453.

[16] Shi X L, Zhai W Z, Wang M, et al. Tribological performance of $Ni_3Al$ – 15 wt% $Ti_3SiC_2$ composites against $Al_2O_3$, $Si_3N_4$ and WC – 6Co from 25 to 800℃[J]. Wear, Issues 1 – 2,2013,303(1 – 2,15):244 – 254.

[17] Erkin Cura M, Kin S, Muukkonen T, et al. Microstructure and tribological properties of pulsed electric current sintered alumina – zirconia nanocomposites with different solid lubricants[J]. Ceramics International, 2013,39(2):2093 – 2105.

[18] Ouyang J H, Sasaki S, Murakami T, et al. The synergistic effects of $CaF_2$ and Au lubricants on tribological

properties of spark – plasma – sintered $ZrO_2$($Y_2O_3$)matrix composites[J]. Materials Science and Engineering:A,2004,386(1 – 2,25):234 – 243.

[19] Kong L,Bi Q,Niu M. High – temperature tribological behavior of $ZrO_2$ – $MoS_2$ – $CaF_2$ self – lubricating composites,Journal of the European Ceramic Society,2013,33(1):51 – 59.

[20] 刘艳清,张静,吴枉涵,等. $WSe_2$纳米结构的合成及减摩性能研究[J]. 摩擦学学报,2012.09:452 – 457.

[21] 曹可生,李长生,李松田,等. 碳团聚 $WSe_2$纳米棒的制备及其摩擦学性能[J]. 无机化学学报,2011,27:2150 – 2156.

[22] Dellacorte C,Edmonds B J. Preliminary evaluation of PS300:a new self – lubricating high temperature composites coating for use to 800℃[R]. NASA TM – 107056,1995.

[23] Dellacorte C,Edmonds B J. NASA PS400:a new high temperature solid lubricant coating for high temperature wear application[R]. NASATM – 215678,2009.

[24] Dellacorte C,Fellenstein J A. The effect of compositional tailoring of the thermal expansion and tribological properties of PS300:a solid lubricant composite coating[J]. Tribology Transacation,1997,40:639 – 642.

[25] Dellacorte C. The evaluation of a modified chrome oxide based high temperature solid lubricant coating for foil gas bearings [R]. NASA TM – 208660,1998.

[26] 梁秀兵,商俊超,郭永明,等. 高速电弧喷涂 NiCrBMoFe /BaF2 CaF2 涂层的摩擦磨损性能研究[J]. 摩擦学学报,2013,33(5):469 – 474.

[27] 袁建辉,祝迎春,雷强,等. 等离子技术沉积 WC – Co – Cu – $BaF_2$/$CaF_2$ 自润滑耐磨涂层及其高温摩擦性能[J]. 中国表面工程,2012,25(2).

[28] 江礼,查柏林,王汉功,等. 超音速火焰喷涂 Ni/$MoS_2$ 涂层形成及拉伸破坏机理[J]. 热加工工艺,2009,38(2):76 – 78.

[29] Zha B L,Jiang L,Xiao J Y,et al. Microstructure and Tribological Performance of HVOF sprayed Nickel coated $MoS_2$ Coatings[C]. Proceedings of the 4th Asian Thermal Spray Conference,October 22 – 24,2009,Xi' an,China,192 – 195.

[30] 查柏林,王汉功,袁晓静. 超音速火焰喷涂技术及应用[M]. 北京:国防工业出版社,2013.

[31] 李建亮. 宽温域固体润滑材料及涂层的高温摩擦学特性研究[D]. 南京:南京理工大学,2009,56 – 57.

[32] 王玮. 耐磨自润滑协和涂层的制备和性能研究[D]. 东营:中国石油大学(华东),2006,58 – 66.

[33] 徐野,吕亚非,黄晋阳. 摩擦层形成的元胞自动机模拟[J]. 北京化工大学学报,2010(6):136 – 140.

[34] 王砚军,刘佐民. 微孔贯通型高温自润滑金属陶瓷的摩擦磨损性能研究[J]. 摩擦学学报,2006,26(4):348 – 352.

[35] 洪振军,陈敬超,冯晶,等. 反应合成 Cu/FeS 复合材料摩擦磨损分子动力学模拟[J]. 摩擦学学报,2008(5):406 – 410.

[36] 燕松山. 高温自润滑发汗体胞热驱模型研究[D]. 武汉:武汉理工大学,20060501:18 – 25.

[37] Tatek Y,Stoll S,Pefferkorn E. Internal cohesion of agglomerates II:An elementary approach for assemblies of weakly agglomerated 3d – clusters[J]. Powder Technology 115,2001:226 – 233.

[38] Celik E,Culha O,Uyulgan B,et al. Assessment of microstructural and mechanical properties of HVOF sprayed WC – based cermet coatings for a roller cylinder [J]. Surface & Coatings Technology,2006,(200):4320 – 4328.

[39] Li M, Christofides P D. Modeling and control of high velocity oxygen – fuel(HVOF)thermal spray: A tutorial review[J]. Therm. Spray Technol. ,2009,18(5 – 6):753 – 768.

[40] Ji G C, Li C J, Wang Y Y, et al. Microstructural characterization and abrasive wear performance of HVOF sprayed $Cr_3C_2$ – NiCr coating [J]. Surface & Coatings Technology,2006,200:6749 – 6757.

[41] Li C J, Yang G J, Ohmori A. Relationship between particle erosion and lamellar microstructure for plasma – sprayed alumina coatings[J]. Wear,2006,260:1166 – 1172.

[42] McPherson R. The relationship between the mechanism of formation, microstructure and properties of plasma – sprayed coatings [J]. Thin Solid Films,1981,83:297 – 310.

[43] Matthews S, James B, Hyland M. High temperature erosion of $Cr_3C_2$ – NiCr thermal spray coatings – The role of phase microstructure [J]. Surface and Coatings Technology,2009,203(9,25):1144 – 1153.

[44] Bolot R, Seichepine J L, Qiao J H et al. Predicting the thermal conductivity of AlSi/polyester abradable coatings:effects of the numerical method, Thermal Spray:Global Solutions for Future Application [C]. Proceedings of the 2010 International Thermal Spray Conference, Singapore, May 2010:651 – 656.

[45] Ghafouri – Azar R, Mostaghimi J, Chandra S. Modeling Development of Residual Stresses in Thermal Spray Coatings[J]. Comput. Mater. Sci. ,2006,35(1):13 – 26.

[46] Tillmann W, Klusemann B, Nebel J. Analysis of the Mechanical Properties of an Arc – Sprayed WC – FeC-SiMn Coating:Nanoindentation and Simulation[J]. Therm. Spray Technol. ,2011,20(1):328 – 335.

[47] Klusemann B, Denzer R, Svendsen B. Microstructure Based Modeling of Residual Stresses in WC – 12Co Sprayed Coatings[J]. Therm. Spray Technol. ,2012,21(1):96 – 107.

# 第 2 章　热喷涂固体润滑涂层的构建

热喷涂固体自润滑涂层材料从进入热源到形成固体自润滑涂层,通常经历4个阶段:加热阶段,即颗粒进入高温区域后,被加热熔化或软化;加速阶段,在外加压缩气流或热源自身射流的作用下,熔化或熔化颗粒被气流或热源推动向前喷射;飞行阶段,在射流或气流的拖动作用下,颗粒先被加速,而后随着飞行距离的增加而减速;沉积阶段,具有一定温度和速度的粒子接触基体表面时,以一定的动量冲击基材表面,产生强烈的碰撞,沿凹凸不平的表面产生变形,并迅速凝固收缩,呈扁平状沉积在基材表面,形成固体自润滑涂层。这个过程是复杂的。

## 2.1　等离子体的特性

当物质的温度由低到高变化时,物质将逐次经历固态、液态和气态3种状态。当温度达到足够高时,构成分子的原子将获得足够大的动能,它们开始彼此离解为原子。当温度进一步提高时,原子将发生电离,外层的电子摆脱原子核的束缚成为自由电子,失去电子的原子变成带正电的离子。同时,伴随温度的升高,物质的分子热运动将会加剧,它们间相互的碰撞也会使分子产生电离。这样物质就变成由自由运动并相互作用的正离子和电子组成的混合物。这种由大量带电粒子(离子、电子)和中性粒子(原子、分子)组成的体系便是等离子体。

### 2.1.1　等离子体的基本性质

热等离子体由电子、离子、中性粒子(原子、原子团、分子)和光子组成。这些粒子除了电子、处于未激发状态的原子和一次及多次电离的离子外,还有光子、处于不同激发态的原子与离子以及由电子附着于中性粒子所形成的负离子。电子与离子的数目虽然未必超过甚至远小于中性粒子的数目(尤其在气体温度较低时),但已经有相当高的数密度。气体导电,处于气体中的颗粒带电,都与热等离子体中存在带电粒子有关。热等离子体流动与传热研究中,需要有气体成分组成、热力学性质和输运性质的数据,等离子体的成分组成也是计算其热力学性质与输运性质所必需的。

图 2.1 比较了几种典型的气体(空气、氩气、氦气、氢气、氮气与氧气)的热导率、电导率、黏度、密度、比热容及热熔随温度变化的情况。图 2.1(b)、(c)显示,不同气体的黏度与电导率随温度变化特性相似,温度较低时黏度随温度升高而迅速增大,除氦气在 18000K 附近外,其他气体在 10000~11000K 范围附近,然后随着温度的升高而减小;电导率随着温度的升高而增大,温度高于 25000K 时,由于气体几乎完全电离,电导率变化不大。

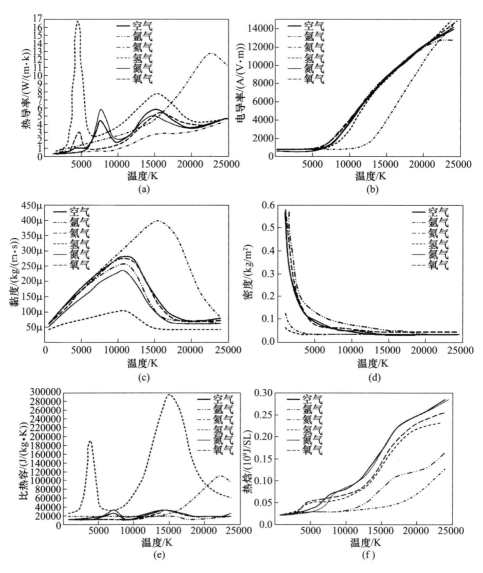

图 2.1　热等离子体的热力学性质与输运性质
(a)热导率;(b)电导率;(c)黏度;(d)密度;(e)比热容;(f)热熔。

从图 2.1(a)、(e)可以发现,比热容与热导率随温度变化特性相似,随着温度的升高,气体的比热容上升,气体分子分解为原子的解离度或原子电离的电离反应度急剧变化的区域,热导率同时也出现峰值,双原子分子表现得较为明显(氢气)。热导率由冻结热导率与反应热导率组成,冻结热导率包括电子、原子、离子、分子等组分不考虑其质量分数或摩尔分数随温度变化对能量输运的贡献,反应热导率则由不同组分扩散所引起附加能量输运所构成。在压力一定、处于局部热力学平衡状态的等离子体中,气体组分取决于温度,因此组分的空间梯度通过温度梯度表示,不同组分扩散所引起附加能量运输所构成,热导率随温度变化曲线上出现峰值,反映出热导率的贡献。

从图 2.1(d)、(e)可以看出,几种气体的密度与热焓随温度变化曲线呈现相反的变化特性,密度随着温度的升高而急速降低,尤其是低于 10000K 时呈指数降低,热焓则随着温度的升高上升,趋势与比热容和热导率较为一致,双原子分子的热焓值高于单原子分子。

### 2.1.2 等离子枪出口的基本参量

1. 焓值计算

等离子喷枪示意图如图 2.2 所示。工作过程中,虽然内部产生复杂的物理和化学反应,但仍遵守能量守恒定律。当忽略等离子辐射时,输入的电能减去强制冷却的能量,即为工作气体通过等离子喷枪后所获得的能量。

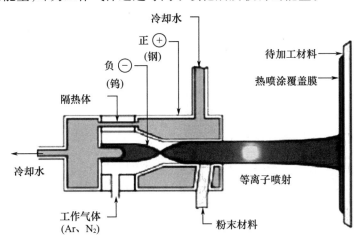

图 2.2　等离子喷枪示意图

运用能量平衡原理,等离子喷枪出口的平均焓值计算过程为

$$H_g = \Delta H + H_{in} \tag{2.1}$$

$$\Delta H = \frac{EI - W_{H_2O} C_{H_2O} (\Delta T_0 - \Delta T_1)_{H_2O}}{W_g} \qquad (2.2)$$

$$H_{in} = \frac{\sum_{k=1}^{m} W_{gk} H_{ink}}{W_g} \qquad (2.3)$$

$$W_g = \sum_{k=1}^{m} W_{gk} \qquad (2.4)$$

式中　$H_g$——等离子体出口焓,J/kg;

　　　$H_{in}$——气体入口焓,J/kg;

　　　$\Delta H$——气体焓变,J/kg;

　　　$E$——电弧电压,V;

　　　$I$——电弧电流,A;

　　　$C_{H_2O}$——水的比热容,J/(kg·K);

　　　$\Delta T_0$——无弧时水的温升,K;

　　　$\Delta T_1$——有弧时水的温升,K;

　　　$W_g$——气体的质量流量,kg/s;

　　　$W_{H_2O}$——水的质量流量,kg/s;

　　　$W_{gk}$——第 $k$ 种气体的质量流量,kg/s;

　　　$H_{ink}$——第 $k$ 种气体的焓值,J/kg。

工作气体与冷却水的质量流量由下式算,即

$$W_{gk} = \rho_{gk} Q_{gk} \qquad (2.5)$$

$$W_{H_2O} = \rho_{H_2O} Q_{H_2O} \qquad (2.6)$$

式中　$Q_{gk}$——工作气体的体积流量,SLM;

　　　$Q_{H_2O}$——冷却水的体积流量,SLM;

　　　$\rho_{gk}$——标准状态下工作气体的密度,kg/m³;

　　　$\rho_{H_2O}$——冷却水的密度,kg/m³。

利用数字测控系统测得工作气体与冷却水的参数,并获得电流、电压值后,联立式(2.1)至式(2.6),就可以计算不同工况下等离子体的出口平均焓值。

**2. 温度分布的确定**

等离子体射流具有很大的径向温度梯度,等离子喷枪出口射流温度分布可用方程表示为

$$T(r) = (T_0 - T_w) \left[ 1 - \left( \frac{r}{R_{out}} \right)^m \right] + T_w \qquad (2.7)$$

式中　$T_0$——出口中心处温度,K;

　　　$T_w$——等离子喷枪内壁处温度,K;

　　　$R_{out}$——出口截面半径,m;

　　　$r$——径向位置坐标,m,轴心处为 0。

在等离子喷枪出口处,把 $T(r)$ 对出口截面进行积分,并除以出口截面积,即可求得出口平均温度,即

$$T_g = \frac{\int_0^{R_{out}} 2\pi r T(r)\,\mathrm{d}r}{\pi R_{out}^2} \tag{2.8}$$

本书采用式(2.7)、式(2.8),$T_w$ 取冷却水出水温度,$R_{out} = 3.95\text{mm}$(等离子喷枪喷嘴直径为 7.9mm),计算得到

$$T_g = \frac{m}{m+2}T_0 + \frac{2}{m+2}T_w \tag{2.9}$$

因此,有

$$T_0 = \frac{m+2}{m}T_g - \frac{2}{m}T_w \tag{2.10}$$

等离子体焓值是关于压力和温度的函数,在特定压力下,根据等离子体焓值,即可获得对应的等离子体温度值。由式(2.1)可得等离子喷枪出口焓值 $H_{in}$,进而得到出口平均温度 $T_g$,等离子喷枪内壁温度 $T_w$ 取冷却水出水温度,由式(2.10),从而算出出口中心处温度 $T_0$。至此,等离子喷枪出口温度分布函数 $T(r)$ 完全确定。

### 3. 速度分布的确定

由质量守恒定律,等离子喷枪出口处等离子体流量等于入口处工作气体流量,即

$$W_{out} = W_{in} = W_g = \rho_g Q_g = \rho_g v_g S_{out} \tag{2.11}$$

式中　$W_{out}$——等离子喷枪出口处质量流量,kg/s;

　　　$W_{in}$——等离子喷枪入口处质量流量,kg/s;

　　　$Q_g$——等离子喷枪入口处体积流量,SLM;

　　　$\rho_g$——等离子喷枪出口处等离子体密度,kg/m³;

　　　$v_g$——等离子喷枪出口处平均速度,m/s;

　　　$S_{out}$——等离子喷枪出口截面面积,m²。

由式(2.11)可知,等离子喷枪出口处平均速度为

$$v_g = \frac{W_g}{\rho_g S_{out}} \tag{2.12}$$

等离子喷枪出口截面面积为

$$S_{out} = \pi R_{out}^2 \tag{2.13}$$

$W_g$ 由式(2.4)求得,根据等离子喷枪出口处等离子体焓值,采用插值法可获得对应的等离子体的密度 $\rho_g$。由此即可算出等离子喷枪出口平均速度。

等离子喷枪出口射流速度径向分布可用方程表示为

$$v(r) = v_0 \left[ 1 - \left( \frac{r}{R_{out}} \right)^n \right] \tag{2.14}$$

式中　$v_0$——出口中心处速度,m/s;

　　　$R_{out}$——出口截面半径,m;

　　　$r$——径向位置坐标,m,轴心处为0。

在等离子喷枪出口处,把 $v(r)$ 对出口截面进行积分,并除以出口截面积,即可求得出口平均速度,即

$$v_g = \frac{\int_0^{R_{out}} 2\pi r v(r) \, \mathrm{d}r}{S_{out}} \tag{2.15}$$

由 $R_{out} = 3.95\text{mm}$,计算得到

$$v_g = \frac{n}{n+2} v_0 \tag{2.16}$$

因此,有

$$v_0 = \frac{n+2}{n} v_g \tag{2.17}$$

由式(2.17)算得出口中心处速度 $v_0$,从而等离子喷枪出口速度分布函数 $v(r)$ 完全确定。

### 2.1.3　等离子体射流特性分析

在等离子喷枪入口处,工作气体温度为300K,此时氩气和氢气的焓值分别为:$H_{inAr} = 963.63\text{J/kg}$,$H_{inH_2} = 27972\text{J/kg}$。标准状况下,氩气和氢气的密度分别为:$\rho_{Ar} = 1.7837\text{kg/m}^3$,$\rho_{H_2} = 0.0899\text{kg/m}^3$。

温度和速度分布函数中,取 $m = 2.3$,$n = 2$,则由式(2.10)和式(2.17)算得等离子喷枪出口中心处温度与速度为

$$T_0 = 1.8696 T_g - 0.8696 T_w \tag{2.18}$$

$$v_0 = 2v_g \tag{2.19}$$

**1. 主气对等离子体射流特性的影响**

在主气(Ar)压强为0.8MPa,工作电流为452A,冷却水流量为1.02m³/h的

实验条件下,改变主气(Ar)的流量依次为45SLM、53SLM、61SLM、69SLM、77SLM,主气流量对等离子喷枪出口射流熔值、温度和速度的影响规律如图2.3所示。可以看出,随着氩气流量的增加,等离子喷枪出口射流平均熔值呈下降趋势。随着主气流量的增加,等离子喷枪出口平均速度在一定范围内随之增加,而后呈下降趋势。这是因为随着气体流量的增加,等离子喷枪内被电弧加热、电离的气体也随之增多,受热气体体积急剧膨胀,导致等离子喷枪内气体压强迅速增加,等离子喷枪出口处压强增加,使得出口速度也随之增加。但是等离子喷枪内部所能通过的流量为常值,当气体流量达到最大值时,气体的压强为临界压强,当气体的压强超过临界压强时气流速度下降。

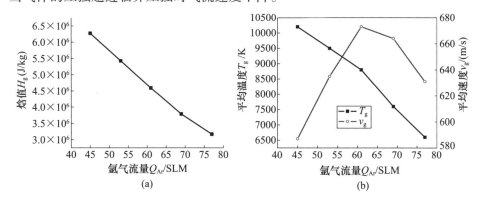

图2.3　主气对等离子体射流特性的影响

(a)熔值;(b)温度和速度。

结合式(2.11)可知,等离子枪出口速度与流量成正比,与出口等离子体密度成反比。当主气流量的增幅大于等离子体密度增幅时,出口速度增加;反之,出口速度下降。由上面的分析可知,随着氩气流量的增加,等离子喷枪出口温度下降,而等离子体密度随着温度的降低而增大,所以等离子体出口速度先增加而后呈下降趋势,并在氩气流量为60SLM时出现极值。

## 2. 次气对等离子体射流特性的影响

主气(Ar)流量为45SLM、压强为0.8MPa,次气($H_2$)压强为0.8MPa,工作电流为452A,冷却水流量为1.02m³/h的条件下,改变次气($H_2$)的流量,研究次气流量对等离子喷枪出口射流特性的影响规律。其中,氢气流量依次为2.1SLM、4.4SLM、7.1SLM、8.5SLM、10SLM。其氢气摩尔百分数依次为5%、10%、15%、17.5%、20%。

随着氢气流量的增加,等离子枪出口射流热熔变化规律如图2.4所示。可以看出,随着氢气含量的增加,等离子喷枪出口熔值在一定范围内从17.5%提高到 20% 时,焓值呈下降趋势。随着气体流量的增加,等离子体会被稀释并被冷却,所以焓值下降。此时,随着次气流量的增加,温度的变化趋势可以由焓值的变化来推断。

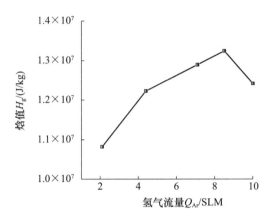

图 2.4　次气对等离子体射流焓值的影响

由于在工作气体中增加次气能够显著提高电弧电压,从而提高电弧功率,使得气体在等离子弧中获得更多的热量,这会导致温度急剧升高、体积急剧膨胀,从而使等离子体以极高速度从等离子喷枪出口喷射而出,因此,适量增加次气流量,出口射流速度将会增加。因而,等离子体的密度随着温度的升高而降低。

### 3. 电流对等离子体射流特性的影响

主气(Ar)流量为 45SLM、压强为 0.8MPa,冷却水流量为 $1.02m^3/h$ 的条件下,调节电弧电流值分别为 452A、500A、550A、600A、650A。

电流对等离子喷枪出口射流特性的影响规律如图 2.5 所示。图中,随着电弧电流的增大,等离子枪出口射流的焓值、温度和速度会显著提高。这是因为随

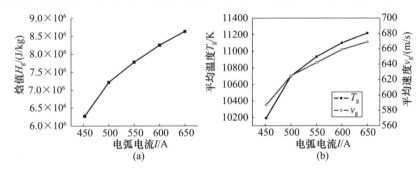

图 2.5　电流对等离子体射流特性的影响

(a)焓值;(b)温度和速度。

着电弧电流的增加,而增加了等离子电弧能量,因此,等离子枪出口处射流的温度和速度都将增大。这说明,随着电弧电流增大,其电流密度增大,所产生的热量使得等喷枪内等离子体的温度升高,进而使得出口等离子体射流温度升高,而等离子体密度随着温度的升高而降低,等离子体速度得到提高。

### 2.1.4 等离子体射流中的粒子特性

#### 1. 主气对粒子速度与温度的影响

主气(Ar)压强为 0.8MPa,次气($H_2$)流量为 4.4SLM、压强为 0.8MPa,工作电流为 452A,冷却水流量为 1.02$m^3$/h,测量距离为 100mm 的条件下,氩气流量依次为 40SLM、50SLM、60SLM、70SLM、80SLM。等离子体射流中粒子温度和速度随氩气流量变化规律如图 2.6 所示。

可以看出,随着主气流量的增加,温度呈线性降低。这是因为随着主气流量的增加,等离子喷枪出口射流的熔值与温度逐步降低。随着温度与熔值的下降,射流中的粒子温度也随之降低。而且随着气体流量的增加,射流的速度也在提高,等离子气流中飞行的粒子在射流高温核心区域加热的时间减短。在等离子体射流中,粒子的速度随着主气体流量增加而增大,增幅随流量的增加而变缓。当气体流量增加到 60~70SLM 时,而后再增加气体流量,粒子速度逐步开始呈下降趋势。分析可知,随着主气流量的增加,等离子喷枪出口气流速度随之增加。由于等离子喷枪内部喷嘴尺寸的限制,当气体流量达到最大值后,出口气流速度会出现极值,而且当主气流量增加到饱和流量时,等离子射流的密度增幅超过流量的增幅时,射流速度反而下降,粒子速度也随之下降。

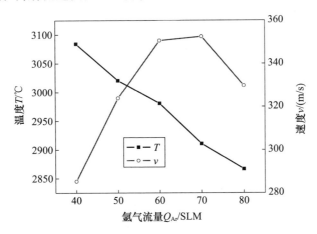

图 2.6 主气流量对粒子温度与速度的影响

## 2. 电压对粒子速度与温度的影响

主气(Ar)流量为40SLM、压强为0.8MPa,次气(H$_2$)压强为0.8MPa,工作电流为452A,冷却水流量为1.02m$^3$/h,测量距离为100mm的条件下,电压值分别为66V、68V、70V、72V、74V、76V、78V。

等离子体射流中粒子温度和速度随电弧电压变化规律如图2.7所示。可以看出,等离子体射流中粒子温度的变化随着电压的增高变化不大。在70~78V范围内,粒子温度随着电压的增加而增加,但增幅不大。电弧电压的增高是通过增加次气(H$_2$)的流量实现的。随着氢气比例的增加,等离子喷枪所产生的等离子体射流的热焓和热导率也随之增大,所以射流中粒子的温度和速度也随着上升,由于粒子速度的增加,粒子在射流高温核心区域加热时间变短,所以温度上升的幅度相对缓慢。

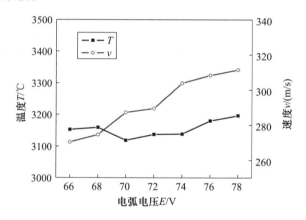

图2.7 弧电压对粒子温度与速度的影响

## 3. 电流对粒子速度与温度的影响

主气(Ar)流量为40SLM、压强为0.8MPa,次气(H$_2$)流量为4.4SLM,压强为0.8MPa,冷却水流量为1.02m$^3$/h,测量距离为100mm的条件下,工作电流分别为400A、450A、500A、550A、600A、650A、700A。

射流中粒子温度和速度随电弧电流变化规律如图2.8所示。可以看出,粒子表面温度随电弧电流增加上升的趋势十分明显,在电流为650A附近粒子的温度变化趋于稳定。粒子速度基本上随着电流增加而单调递增,电流变化对粒子的速度影响显著。其原因在于随着电弧电流增加,等离子喷枪内电弧的电流密度增大,同时电弧弧柱半径也随之增大。另外,随着电流的增加,等离子弧能量增加,等离子气体的电离度和受热功率也随之增大,气体体积膨胀也更加厉害,等离子喷枪内压力增大,导致出口射流速度增加。温度随电流的变化呈现先快后慢的趋势,是受到粒子速度的影响,因为随着电流的增加,粒子的速度随之增加。因此,粒子在射流高温区域中的驻留时间减少,导致粒子温升变缓。伴随着电弧电流增加到一定程度,等离子体射流的焓值与温度也随之大幅度提升,因而射流提供给粒子的能量也大大增加,当粒子表面温度达到其熔点或沸点时,粒子熔化和蒸发吸热也会导致粒子温升变缓。

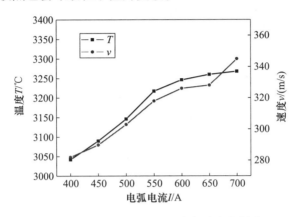

图 2.8　电弧电流对粒子温度与速度的影响

## 2.2　热喷涂金属低温涂层的生长特征

热喷涂过程是粒子在焰流中加温加速并撞击基体形成涂层的过程,热喷涂自润滑涂层是由无数变形包覆粒子互相交错呈波浪式堆叠在一起的层状组织结构。固体润滑涂层的沉积过程是喷涂过程中单个粒子碰撞基体或已沉积涂层表面,发生较大的塑性变形而不断累加堆积的过程。润滑涂层是由变形颗粒、孔隙和氧化物夹杂构建而成的,因此,形变粒子的堆积过程是喷涂过程中的重要环节,对涂层的组织产生重要的影响,从而对涂层性能都有重要影响。

由于粒子从开始碰撞到完全冷却凝固的整个过程只有几微秒到几十微秒,对于喷涂粒子和基体的相互作用过程,很难直接进行观察,是常见的非线性问题(图 2.9(a)),因此,数值模拟方法成为这类研究的重要手段。

### 2.2.1　粒子沉积模型

涂层构建是后沉积的粒子对已经沉积的粒子的夯实堆叠过程。尽管各沉积粒子相互独立,但每个粒子沉积时拥有的能量都对喷涂层的结构与性能产生重要的影响。接触与碰撞是生产和生活中普遍存在的力学问题,接触过程中两个物体在接触界面上的相互作用是复杂的力学现象,高速粒子撞击到可产生塑性变形的表面,粒子动能以弹性应变能和塑性应变能的形式储存在扁平粒子和基体表面,同时伴随有材料的温度变化(图2.9(b))。接触—碰撞的有限元数值计算将两碰撞物体分开建立有限元模型,通过位移协调与动量方程求解碰撞载荷,对包覆粉末沉积全过程进行结构—热的耦合计算。

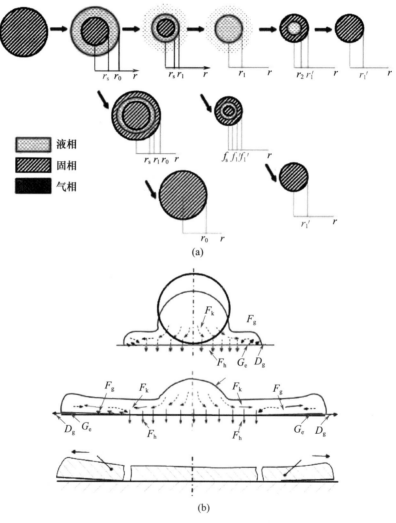

图 2.9　粒子沉积过程及涂层结构模型

(a)粒子温变过程;(b)粒子扁平化过程。

## 1. Johnson – Cook 模型

对于粒子和基体材料塑性变形过程,Johnson – Cook 模型针对金属应变、应

38

变速度和热影响。模型考虑了应变强化、应变率强化以及温度软化影响的计算模型,并采用塑性材料模型和 Von Miese 塑性屈服准则。因此,其应力可用方程表示,即

$$\sigma_y = (A + B\varepsilon_{\text{eff}}^{pN})(1 + C\ln\varepsilon^*)(1 - T^{*M}) \tag{2.20}$$

式中  $A$、$B$、$N$、$C$、$M$——需要输入的材料相关常数;

$\varepsilon_{\text{eff}}^p$——有效塑性应变;

$\varepsilon^*$——应变速率 $\dot{\varepsilon}$ 与参考应变速率 $\dot{\varepsilon}_0$ 的比值。

$T^*$ 定义为

$$T^* = \frac{T - T_{\text{ref}}}{T_{\text{m}} - T_{\text{ref}}}$$

式中  $T_{\text{m}}$——材料熔点;

$T_{\text{ref}}$——基体温度软化效应的参考温度。

### 2. 材料状态方程

采用 Eos – Gruneison 状态方程,其定义的可压缩材料方程为

$$p = \frac{\rho_0 C^2 \mu \left[1 + \left(1 - \frac{\gamma_0}{2}\right)\mu - \frac{a}{2}\mu^2\right]}{\left[1 - (S_1 - 1)\mu - S_2 \frac{\mu^2}{\mu+1} - S_3 \frac{\mu^3}{(\mu+1)^2}\right]^2} + (\gamma_0 + a\mu)E \tag{2.21}$$

式中  $E$——单位初始体积的内能;

$C$——$v_s - v_p$ 曲线的截取;

$S_1$, $S_2$, $S_3$——$v_s - v_p$ 曲线的斜率;

$\gamma_0$——Gruneison$\gamma$;

$a$——$\gamma_0$ 的第一体积修正;

$\mu = \rho/\rho_0 - 1$。

表 2.1  粒子与基体的材料参数

| 材料 | $A$/MPa | $B$/MPa | $n$ | $C$ | $M$ |
|---|---|---|---|---|---|
| Cu | 90 | 292 | 0.31 | 0.025 | 1.09 |
| Al | 265 | 426 | 0.34 | 0.015 | 1.00 |
| 1006Fe | 792 | 510 | 0.26 | 0.014 | 1.03 |

## 2.2.2  常温固体自润滑涂层的生长模拟

### 1. 单粒子沉积生长

图 2.10 所示为 Fe 粒子在 400K、以 500m/s 速度撞击基体的塑性变形与温

度变化。图2.10(b)所示为低温超声速火焰喷涂过程单个Fe粒子在基体上的沉积特征,其物理参数如表2.1所列。图中表明,粒子在沉积过程中发生了黏着行为,发生在粒子与基体初始碰撞45°夹角。图2.10(c)所示为单个粒子沉积的粒子压缩率,随着粒子速度的增加,粒子的压缩率呈直线增长,当粒子速度达到600m/s时,粒子压缩率梯度有所下降。而图2.10(c)、(d)也表明,该速度时粒子的扁平率(图2.10(d))与粒子的界面温升(图2.10(c))均会发生阶跃,说明在该速度附近为Fe粒子的临界沉积速度。

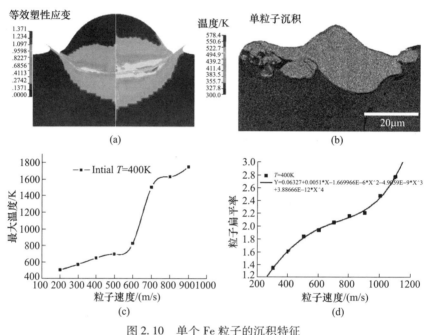

图2.10 单个Fe粒子的沉积特征

(a)数值计算;(b)铝基体上Fe粒子的沉积;(c)粒子温升;(d)粒子扁平率。

## 2. 同轴粒子对涂层构建的影响

图2.11所示为常温涂层双粒子沉积过程的典型形貌。图2.11(a)所示为数值计算得到的同轴Fe粒子在基体上的沉积形貌,图2.11(b)所示为铝基体上同轴双粒子碰撞的基本形貌,由图可以看出,后续沉积的粒子对已沉积的粒子具有夯实作用。喷涂过程中,粒子仅依靠高速获得能量撞击基体或者已沉积的涂层。这种压缩产生的不完全塑性变形将导致涂层沉积过程中的孔隙。在后续粒子的冲击夯实作用下,已沉积涂层逐渐致密化。但是由于后续粒子的冲击能力有限,随着涂层的增厚,粒子对已沉积涂层的冲击能力随之下降,表现为表面疏松、内部致密的涂层结构。

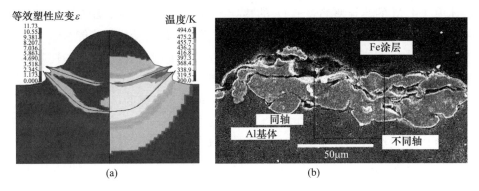

(a)            (b)

图 2.11　粒子撞击基体形貌(Al 基体)

(a)同轴双粒子碰撞形貌(计算);(b)同轴与不同轴双粒子碰撞形貌(SEM)。

### 3. 基体类型对涂层性能的影响

图 2.12 分别为不同基体(Cu 基体、Al 基体、Fe 基体)时涂层的沉积状态。图 2.12(d)所示为 Fe 涂层的典型形貌。除铝基体外,粒子在与其他基体的碰撞过程中,都产生了金属射流,迫使基体的新鲜金属溅出,这对涂层的沉积有利。由于铝基体比较软,粒子虽然嵌入较深,但是粒子的变形较差。书中所选的 3 种

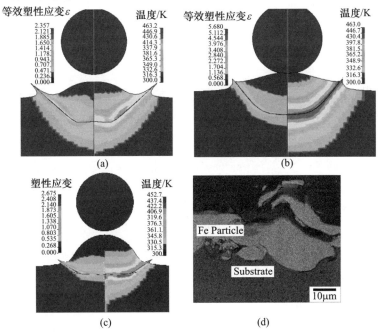

(a)            (b)

(c)            (d)

图 2.12　粒子与基体碰撞的界面特征($v=400\mathrm{m/s}$)

(a)Cu 基体;(b)Al 基体;(c)Fe 基体;(d)Fe 涂层(SEM)。

基体中,Cu、Al 的热导率都大于 Fe 的热导率,这也导致碰撞界面的最大温升也将不同。由此可见,基体的热导率越大,粒子碰撞能量所转化的热能在整个基体上的传输越大,导致粒子界面的温升越低。在接触面附近,粒子不但迫使基体产生不同程度的应变,同时与基体碰撞产生的热量,使得基体产生局部高温,这也表明基体的温度升高不但与基体间碰撞有关,而且与基体的热导率有关。

粒子的速度很重要,另外基体的软硬程度对粒子与基体间的结合也比较重要。当基体比较软时,粒子与基体之间的碰撞足以产生冶金结合。但是,涂层的结合强度仍然不高。一般来说,喷涂层与基体之间的结合强度反映的是喷涂材料与基体之间撞击结合时的状况。理论上,在不同基体上,两种材料的力学性能的匹配将会对涂层的结合性能产生重要的影响。因此,在不同基体上制备涂层与基体的结合强度不同。当基体硬度很高时,粒子与基体之间碰撞,仅仅粒子发生变化。在 $N_2$ 环境下,当粒子和基体都比较软时,强度达到 10~20MPa,当粒子过分坚硬、基体过软和粒子过软、基体过分坚硬时,涂层与基体的结合性能均比较差。

### 4. 粒子速度对涂层界面的影响

图 2.13 所示为 400K 时,Fe 粒子以 400m/s、500m/s、600m/s 速度撞击 Al 基体表面后沉积的塑性应变(图 2.13(a)、(c))与温度变化(图 2.13(d)、(f))。

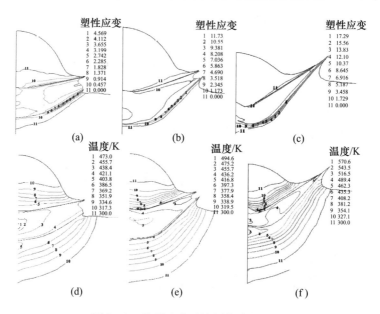

图 2.13 粒子速度对涂层构建的影响
(a)400m/s;(b)500m/s;(c)600m/s 时的塑性应变;
(d)400m/s;(e)500m/s;(f)600m/s 时的温度变化。

当先沉积粒子碰撞基体时，粒子的塑性应变小，这时粒子上表面的变形能力也就小，粒子保持球形表面。后续粒子沉积时，与已沉积粒子之间的局部碰撞应力就相对较大（图2.13(a)、(c)）。先沉积的粒子发生塑性变形导致沉积表面粗化，而这种粗化提高了粒子局部碰撞应力，从而有助于粒子沉积黏着。同时，不但有动能转化为热能，而且粒子也会与低温基体之间产生热交换，迫使基体局部发生温升（图2.13(d)、(f)），先沉积粒子的温度梯度比较小，但是粒子塑性应变梯度却非常大，说明后续粒子所拥有的能量迫使先沉积粒子发生二次塑性变形，同时引发温度升高。相对于先沉积粒子，随着涂层增厚，后续粒子冲击能力下降，基体的塑性变形也逐渐趋于稳定，然而基体与粒子间的变化却恰恰相反。虽然塑性变形基本相同，但是由于粒子碰撞后热能也要随之传导，使得粒子与基体的碰撞界面局部具有明显的温度梯度。

图2.14所示10μmFe粒子，温度为500K、500m/s碰撞Fe基体时，粒子与基体界面之间的温度变化，其中S817与S821为粒子表面元，S7271、S7001、S6701为基体与粒子接触的界面单元（图2.14(a)）。图2.14(b)所示为粒子界面的温度变化特征，沉积过程中粒子表面的温度由于受到能量的转化上升到630K（0.02ms），随后由于与基体之间的热传导，使得粒子与基体的温度逐步平行达到550～650K。值得注意的是，沉积过程中基体的温度受到粒子的接触而逐步上升。其他界面元温度都缓步上升，而S7001单元的温度变化则先骤然上升，而后又缓慢下降。这说明，在粒子沉积过程中，由于粒子的接触面不断变化，使得在接触面周围的基体发生巨大的单元压缩应变，而使表面元的温度骤然上升，随着沉积过程的推移，温度高的单元与周围单元发生热交换而缓慢下降；粒子沉积过程中，应变最大点应当与粒子碰撞中心轴存在一定的距离，粒子的温度变化将使得涂层与基体界面之间存在热应力。

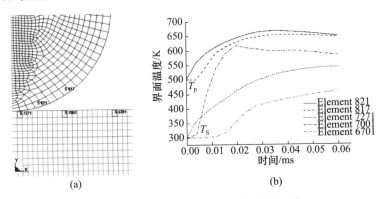

(a)                                    (b)

图2.14　Fe粒子沉积引起的界面温度变化

(a)网格特征；(b)界面元的温升。

### 5. 粒子特征对涂层界面温升的影响

图2.15所示为500m/s时不同温度同轴Fe粒子撞击Fe基体时的界面温度变化,监控点如图2.14(a)所示。受到基体硬度的影响,粒子与基体界面的塑性应变较为明显(D点)达到21.9。随着粒子初始温度的增加,监控点的最大温度也增加,当粒子温度较低时,粒子需要更高的速度才可能达到Fe的熔点。

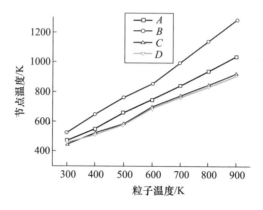

图2.15 监控点温度变化

图2.16所示为同轴粒子沉积过程中的体积压缩行为(粒子1为先沉积粒子,粒子2为后沉积粒子)。对于独立沉积的粒子,随着速度增加,粒子对已沉积的涂层呈现压应力作用。由图可知,当热效应的累积很小时,在相同温度下,粒子的压缩率随速度的增加而增加,但先沉积粒子的被压缩率要明显高于后续粒子压缩率4倍多,随着速度的增加,粒子的压缩率比随之下降,说明后续粒子对已沉积粒子的压缩变形率作用有限,当粒子扁平化后粒子的压缩率达到压缩极限。

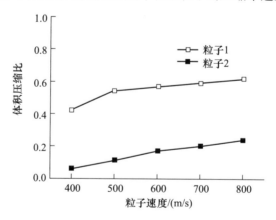

图2.16 粒子体积的压缩行为

### 2.2.3 不同轴粒子的沉积行为

涂层的形成是连续粒子撞击基体(或已沉积涂层)得到的。在相同状态下,不同轴粒子的撞击更能刻画出热喷涂过程中粒子的沉积特征。图2.17(a)所示为本节不同轴三维几何模型。图中粒子的尺度均为10μm,粒子和基体均取材料Fe,其材料模型遵守Johnson – Cook模型、Eos – Grunesion模型以及各向同性的热传导模型,参数如表2.1所列。

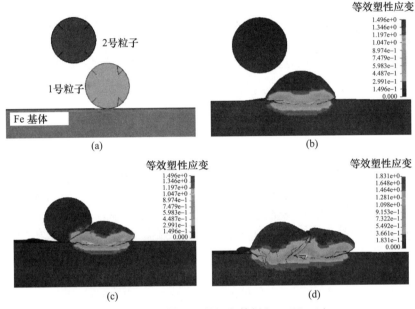

图2.17 不同轴粒子的沉积特征($v=500\mathrm{m/s}$)

(a)$t=0\mathrm{ms}$; (b)$t=0.04\mathrm{ms}$; (c)$t=0.08\mathrm{ms}$; (d)$t=0.12\mathrm{ms}$。

图2.17所示为不同轴粒子以$v=500\mathrm{m/s}$碰撞Fe基体时的沉积过程。由图2.17(b)可知,前粒子碰撞基体后,与基体产生应力应变,迫使基体变形。但粒子界面上的应力分布呈对称状态。但当后续粒子撞击前粒子后,并与基体接触沉积(图2.17(c))迫使已沉积粒子与基体界面的应力应变杂化,同时,后续粒子的沉积破坏了已沉积粒子状态,还会产生夯实作用。然而,此时的夯实应力不均匀使得在未受到应力区域,粒子发生"回翘"(图2.17(d))。另外,先沉积粒子受到后续粒子沉积应力的挤压而产生了应力集中,使得粒子应变不均匀。

图2.18所示为不同速度状态,两个相同速度Fe粒子碰撞基体时的沉积塑性应变。当粒子速度小于400m/s时,粒子的有效塑性变形随速度的增大而增大,但当速度为900m/s时,粒子的有效塑性变形降低表明,当粒子速度过分增

加时,粒子的有效塑性应变能力变得非常迟钝。随着粒子速度的增加,先沉积粒子的被压缩率急剧增加,特别是在考虑到后续粒子的撞击时,在相同时间内,后续粒子在自身受压塑变形之后,又对已沉积粒子产生挤压。

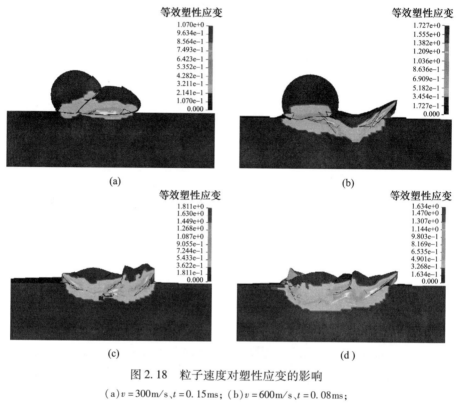

图 2.18　粒子速度对塑性应变的影响

(a)$v=300\mathrm{m/s}$、$t=0.15\mathrm{ms}$;(b)$v=600\mathrm{m/s}$、$t=0.08\mathrm{ms}$;

(c)$v=700\mathrm{m/s}$、$t=0.08\mathrm{ms}$;(d)$v=900\mathrm{m/s}$、$t=0.08\mathrm{ms}$。

### 2.2.4　团聚粒子的沉积行为

为解决纳米粉末喷涂困难的问题,研究人员通过造粒的方式将纳米粉末团聚成微米级颗粒,但喷涂过程中粒子破碎的表征则需研究。本小节通过 SPH 方法探索喷涂过程中纳米团聚粒子的沉积问题。计算模型中,喷涂粒子为 SPH 粒子,基体采用 SOLID162 单元,在研究粒子界面扩散时,基体也为 SPH 单元(粒子直径为 $10\mu\mathrm{m}$)。

#### 1. 团聚粒子的典型分布特征

图 2.19 所示为以 $400\mathrm{m/s}$ 团聚粒子撞击 Fe 基体时的沉积状态与等效塑性应变。当团聚粒子在焰流中飞行时,受到温度影响,各粒子之间的黏粘结剂被氧化掉,粒子之间成为相对孤立的集合体。随着粒子高速飞行,与基体发生碰撞而

沉积时,粒子会发生不同程度的飞溅现象。图2.20 表明,团聚粒子撞击基体时产生巨大应力,迫使基体发生明显的塑性应变,同时,沉积应力还迫使粒子的团聚粒子发生破碎并产生不同程度的飞溅,这都与粒子的初始碰撞速度有密切关系。

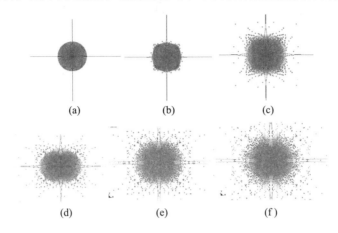

图 2.19　团聚粒子沉积状态(数值模拟,$v=400\text{m/s}$)

(a)$t=0.0\text{ms}$; (b)$t=0.02\text{ms}$; (c)$t=0.04\text{ms}$; (d)$t=0.06\text{ms}$; (e)$t=0.08\text{ms}$; (f)$t=0.1\text{ms}$。

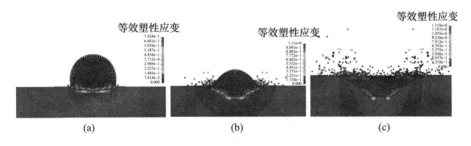

图 2.20　团聚粒子的沉积过程的等效塑性应变(模拟粒子速度为400m/s)

(a)$t=0.02\text{ms}$; (b)$t=0.04\text{ms}$; (c)$t=0.08\text{ms}$。

图 2.21 所示为不同速度下,团聚粒子(图 2.21(a))与微米粒子(图 2.21(b))撞击基体时的有效塑性应变。当粒子速度小于临界速度时,粒子的破碎很小,仍呈团聚状态,基体的塑性应变小,粒子与基体之间仅发生弹性应变,使粒子不能沉积在基体上。当粒子速度超过临界沉积速度时,团聚粒子将发生破碎呈现纳米状态,但由于破碎后的粒子受到基体的反作用力,将呈现四周扩散的飞溅特征(图 2.20)。团聚粒子与基体发生碰撞时,基体的塑性应变(图 2.21(a))在同等速度下要小于同尺度微米粒子(图 2.21(b))对基体撞击产生的有效塑性应变。这表明,对于团聚粒子,粒子间松散状态导致粒子在碰撞基体时产生应力方向杂化,使得粒子对基体的侵彻能力下降,而应力方向杂化也促使粒子的破碎飞溅。

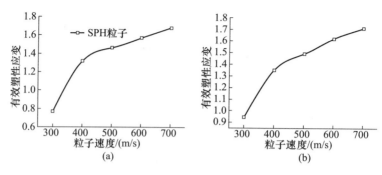

图 2.21　粒子的塑性应变对比

(a)SPH 团聚粒子；(b)普通微米粒子。

## 2. 粒子速度对粒子破碎面积的影响

图 2.22 表明,当纳米团聚粒子以不同速度撞击基体后,粒子与基体交换能量的同时发生破碎。当速度很小时,粒子与基体撞击的能量不足以使粒子发生完全破碎(小于粒子沉积的临界速度),而当粒子速度高于这个速度时,团聚粒子碰撞后的面积比与粒子速度之间存在一定关系。粒子碰撞后的面积说明粒子与基体之间发生了剧烈碰撞,粒子表面积的扩大系数(图 2.22(a))要明显大于微米粒子的面积系数(图 2.22(b)),表明 SPH 粒子各单元之间失去相互作用,碰撞应力受到杂化,导致粒子对基体的碰撞能力下降,并促使破碎面积增大。

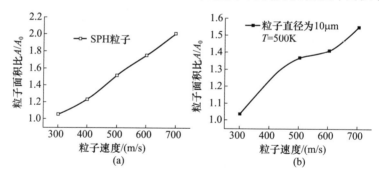

图 2.22　粒子碰撞面积比( $T_p$ =500K)

(a)SPH 团聚粒子；(b)普通微米粒子。

## 3. 涂层沉积的界面特征

在沉积过程中,为准确描述超声速碰撞现象,所选用的本构方程必须能表述材料在高压强、温度和变形率下的复杂行为;状态方程能够描述碰撞所导致的熔化及气化等过程。

图 2.23 所示为 500m/s 粒子对基体侵彻能力的数值模拟。沉积过程中,粒子与

48

基体之间发生碰撞,会出现扩散行为。图2.24所示为速度状态对涂层沉积界面的影响,随着粒子速度增大,粒子与基体之间界面上的扩散行为变得明显,同时由于粒子的分作用力也很大,使得粒子产生了飞溅现象,该现象随着粒子速度的增加而加剧。

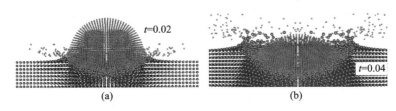

图2.23　Fe粒子与基体碰撞的沉积界面(模拟)

(a)$t$ = 0.02ms;(b)$t$ = 0.04ms。

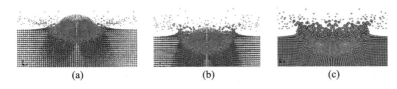

图2.24　粒子速度对沉积界面的影响

(a)$v$ = 400m/s,$t$ = 0.04ms;(b)$v$ = 500m/s,$t$ = 0.04ms;(c)$v$ = 700m/s,$t$ = 0.04ms。

　　图2.25所示为粒子在碰撞过程中的最大位移。研究认为,粒子的沉积过程中(金属粒子),会与基体的界面之间形成金属间相,并存在不同的界面接触形式,形成典型的大约20nm厚的金属间相。因而,粒子的速度、温度越高,原子扩散能力越强,形成的微区扩散层范围越大,基体与涂层之间的结合越紧密。

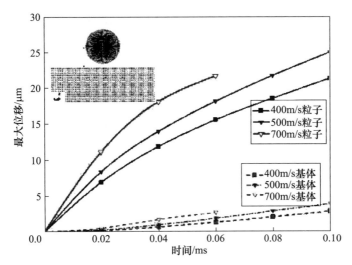

图2.25　粒子沉积的最大位移与界面特征

# 2.3  高温相的沉积特征

## 2.3.1  Al₂O₃粒子撞击基体模型

### 1. 凝聚相粒子模型

高速粒子碰撞基体形成涂层。为简化计算过程,假设壁基体表面光滑,选取直径为20μm的Al₂O₃粒子、Ni/MoS₂粒子沉积的二维轴对称几何模型,内径10μm,外径20μm,基体长度与厚度均为10倍的粒子直径。对于Ni/MoS₂粒子,为防止计算过程的畸变,粉末颗粒外径网格划分精度提高一倍,颗粒内层采用自由网格划分。所构建的模型如图2.26所示,其中图2.26(a)所示为Al₂O₃的沉积几何模型,图2.26(b)所示为Ni/MoS₂粒子的沉积几何模型。表2.2所列为材料物性参数。

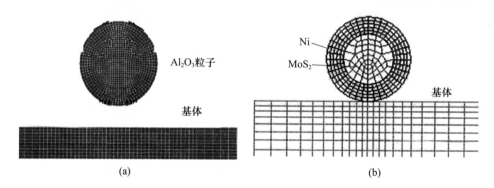

(a)                                    (b)

图2.26  高温粒子撞击基体的几何模型

(a)Al₂O₃粒子模型;(b)Ni/MoS₂模型。

表2.2  材料物性参数

| 材料 | Fe | Ni | MoS₂ | Al₂O₃ |
|---|---|---|---|---|
| 密度/(g/cm³) | 7.85 | 8.89 | 4.85 | 3.98 |
| 比热容/[J/(kg·K)] | 460 | 456 | 365.9 | 878 |
| 热传导/[W/(m·K)] | 66.6 | 56.8 | 0.19 | 1.49 |
| 杨氏模量/GPa | 207 | 190 | 110 | 295.66 |
| 泊松比 | 0.3 | 0.29 | 0.29 | 0.233 |
| $A$/MPa | 792 | 163 | 90 | |
| $B$/MPa | 510 | 648 | 292 | |
| $N$ | 0.26 | 0.33 | 0.31 | |

| 材料 | Fe | Ni | $MoS_2$ | $Al_2O_3$ |
|---|---|---|---|---|
| $C$ | 0.014 | 0.006 | 0.025 | |
| $M$ | 1.03 | 1.44 | 1.09 | |
| $T_m/K$ | 1673 | 1727 | 1523 | 2320 |
| $T_{room}/K$ | 298 | 298 | 298 | 298 |
| 比率/(1/s) | 1 | 1 | 1 | 1 |

### 2.3.2 $Al_2O_3$ 凝聚态粒子的沉积行为

**1. $Al_2O_3$ 熔滴的沉积特征**

图 2.27 所示为 700m/s、2400℃ $Al_2O_3$ 粒子在 Al 合金基体表面发生黏蚀的基本过程。图 2.27(a)所示为黏蚀过程中 0.04ms 时 $Al_2O_3$ 粒子在 Al(2024 – T351)基体表面的沉积特征。可以看出,在 700m/s 时高温粒子已经发生完全的变形,且侵彻入基体表面,发生了严重的黏蚀。但是受到剪切应力的影响,$Al_2O_3$ 粒子会在侵蚀时发生局部断裂,图中所示的单元消失特征为陶瓷粒子沉积的典型特征。这说明,液态 $Al_2O_3$ 粒子产生了较大的塑性变形。此时,在基体表面与粒子之间发生了大量的热交换与能量交换,如图 2.27(b)所示。

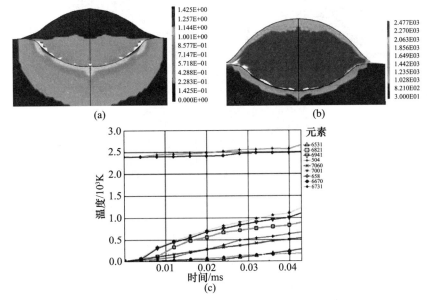

图 2.27 $Al_2O_3$ 粒子沉积特征(700m/s、2400℃)

(a)塑性变形;(b)温度变化;(c)监控点温度变化量。

图2.27(c)中的单元(S650、S604)为陶瓷粒子边界单元,其余为基体表面的单元。显然,在0.04ms过程中,粒子热量变化很小,而且在沉积时粒子表面的温度局部还存在上升,这部分温升是由粒子动能转化而来的。基体表面单元的温度上升超过1000℃(S6941、S7001),单元的温升超过500℃(S6731、S6821、S7060)。这说明在高速碰撞时,高温粒子蕴含的动能不但导致粒子在基体表面产生黏蚀,而且还会引起严重的表面温度升高。相对于铝合金的熔点而言,基体个别单元处的温升足以导致其产生熔化,但是其他部位的温度升高却小于600℃。可以明确,在高速粒子的冲击下,将会有大量的动能转化为热能,导致基体表面产生局部焊合。

图2.28所示为不同速度状态下 $Al_2O_3$ 粒子在 Al 基体表面黏蚀特征。图2.28(a)~(d)分别为400~600m/s时的温度变化特征与基体的温升特征。由系列图可以看出,随着速度的增加,$Al_2O_3$ 粒子扁平化的程度越来越大。此过程中,基体的温升随着粒子速度的增加而增加,进而达到局部熔化,而且随着速度的增加,基体表面达到甚至超过熔点的单元越来越多,达到熔点单元的深度也越来越大。此时,在0.06ms以内,高速状态下,粒子温度降低幅度很小,有的甚至会发生温度反弹的现象。相比之下,在较低速度状态下(图2.28(a)、(b)),粒子单元监控点的温度则随着粒子接触表面后出现降低现象,这一现象随速度的降低而更加明显。

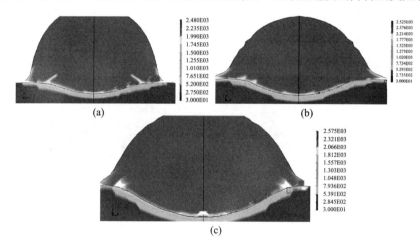

图2.28　不同速度时 $Al_2O_3$ 粒子在 Al 基体表面黏蚀特征

(a)400m/s、2400℃;(b)500m/s、2400℃;(c)600m/s、2400℃。

可以发现,在基体表面,处于高温状态的 $Al_2O_3$ 粒子在基体表面发生黏蚀与粒子的速度和温度紧密相关。表面沉积可以归结为高速、高温粒子在燃气推动作用下,在基体表面产生黏蚀行为,此行为主要因素在于高速 $Al_2O_3$ 粒子蕴含的能量,而粒子的高温状态是辅助作用,这一作用在已经变形后的粒子与基体界面间产生二次焊合作用,进而加固粒子与基体表面的焊合。

52

## 2. Al$_2$O$_3$熔滴在 GCr15 钢基体表面的沉积特征

图 2.29 给出了不同速度状态下 Al$_2$O$_3$ 粒子在 GCr15 基体表面沉积特征。其中,图 2.29(a)所示为 0.035ms 时,Al$_2$O$_3$ 粒子在 GCr15 基体表面发生表面变形的特征。600m/s 时,Al$_2$O$_3$ 粒子在 GCr15 基体表面的沉积过程中会导致粒子熔滴发生破碎,并产生垂直裂纹。这个过程中粒子与 GCr15 钢表面的接触部位会产生 $X$ 方向的位移,说明粒子在沉积过程中会发生水平延展(图 2.29(b))。不同的是,粒子在 GCr15 基体表面发生 $X$ 方向延展的能力更强。

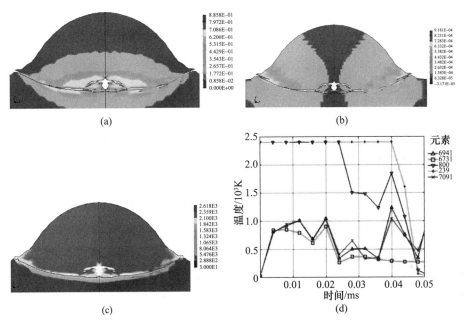

图 2.29　Al$_2$O$_3$粒子在 GCr15 基体表面沉积特征(600m/s、2400K)

(a)塑性应变;(b)$X$ 方向位移;(c)温度变化;(d)监控点温度变化。

对于高温粒子与基体之间发生的热交换特征可以发现(图 2.29(c)、(d)),0.03ms 以前粒子的温度呈现上升趋势,而在 0.03 ~ 0.035ms 之间,粒子的温度逐渐下降,但粒子与基体表面的温度不断上升,在 0.035ms 时会达到 750℃(S7091),如图 2.29(d)所示。相对而言,这一温度还不能导致 GCr15 钢表面产生熔化。因此,Al$_2$O$_3$ 粒子与 GCr15 基体之间还保持机械嵌合,为提高涂层与基体界面结合性能,必须对界面进行调控。

当速度改变时,不同速度下 Al$_2$O$_3$ 粒子在 GCr15 基体表面沉积特征如图 2.30所示。对比发现,Al$_2$O$_3$ 粒子在 GCr15 基体表面沉积过程中高温粒子也不同程度地发生了破碎,并对基体表面产生侵彻,这一现象随着粒子速度的升高而加剧。在低速度作用下基体表面发生变形的程度较小(图2.30(a)),当粒子速度达到900m/s后,基体表面则产生了严重的塑性变形(图2.30(b))。

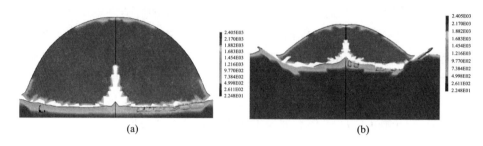

图2.30　不同速度下$Al_2O_3$粒子在GCr15基体表面沉积特征

(a)500m/s;(b)900m/s。

图2.31所示为$Al_2O_3$凝聚相粒子在不同基体上沉积时,基体接触部位发生温度变化的特征。此过程中,高温粒子的能量会逐渐与基体产生新的平衡,而造成基体接触部位温度升高。无论是在Al合金基体还是在耐热钢基体沉积,在较低速度下,基体表面单元的温升都较小,Al合金基体表面接触部位的温升已经接近其熔点;在耐热钢基体的接触部位温度升高为655℃,随着粒子速度的增加,该单元的温度会很快上升。可以发现,当速度达到750m/s时,$Al_2O_3$粒子在耐热钢基体表面的沉积特征变化较大,最大温度变化达到1450℃,而当粒子速度继续增加后,则会在900m/s时迫使基体接触点的温度达到1641℃,已经超过熔点(基体的熔点为1400℃),导致基体表面的局部冶金熔化。

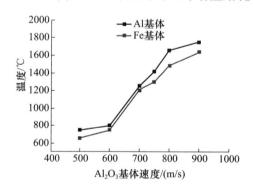

图2.31　$Al_2O_3$在不同速度下的温度变化特征

## 2.3.3　Ni/MoS₂包覆粒子的沉积特征

### 1. 应力分布

图2.32所示为$Ni/MoS_2$粒子在Fe基体表面沉积的应力分布。结果显示,

Ni/MoS$_2$粒子撞击基体成型过程时间非常短暂,而 Ni/MoS$_2$粒子沉积成型过程中,最初最大应力部位发生在基体与粒子接触区域的基体表面部位,应力沿基体及变形粒子呈辐射状。图2.32(b)显示,碰撞的最大应力发生在粒子变形向外扩展的部位;图2.32(c)显示,应力较大的部位发生在 Ni/MoS$_2$粒子的外包覆层上。

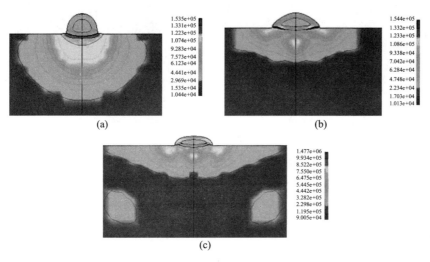

图 2.32　Ni/MoS$_2$粒子撞击 Fe 基体的应力分布

## 2. 接触部位压力分布

图 2.33 所示为单个 Ni/MoS$_2$粒子撞击 Fe 基体的接触部位压力分布。最初最大接触压力部位发生在基体与粒子接触区域的粒子表面部位,沉积碰撞的最大压力发生在 Ni/MoS$_2$粒子内芯接触部位,这足以引起内层粒子的变形。

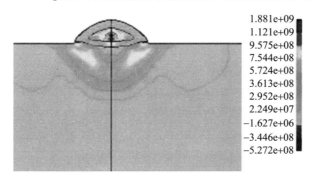

图 2.33　Ni/MoS$_2$粒子撞击基体的压力分布

## 3. 塑性应变与温度变化

图 2.34(a)是 Ni/MoS$_2$粒子撞击 Fe 基体的塑性应变。塑性最大应变主要发

生在 Ni/MoS₂ 粒子的外包覆层,外包覆层在基体表面扩展,粒子内层的包覆层塑性应变。由此可知,混合聚凝态粒子沉积在 GCr15 基体的过程中复合粉末材料塑性应变较大,而 Ni/MoS₂ 粒子撞击铝基体材料过程中基体塑性应变较大。

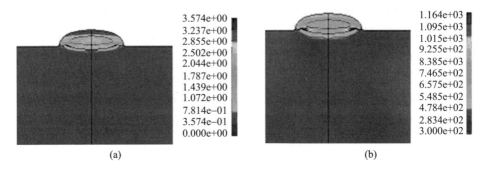

图 2.34 Ni/MoS₂ 粒子撞击基体的塑性应变与温度云图

(a)塑性应变;(b)温度云图。

图 2.34(b)是 Ni/MoS₂ 粒子撞击 Fe 基体和 Al 基体的温度变化过程。可以看出,随着时间的推移,粒子与基体之间的温度变化主要发生在 Ni/MoS₂ 粒子外包覆层与基体的接触部分,而且最初温度变化较为剧烈,尤其是 Ni/MoS₂ 粒子撞击基体的温度变化过程中,局部温度升高达到 993K,温度最大区域位于 Ni/MoS₂ 粒子外层与基体接触的部位边缘。

图 2.35 所示为包覆粒子撞击 Fe 基体过程中粒子上 $A$(S1)点及基体上 $B$(S188)监控点的温度计算结果。由图可知,包覆粒子上 $A$(S1)点温度从最初的 600K 逐步上升到 700K 左右,而基体材料上 $B$(S188)点温度变化较为剧烈,从最初的 300K 变化到 470K 左右。显然,包覆粒子撞击铁基体材料的温度变化在 $0.08\mu s$ 时间内才结束。

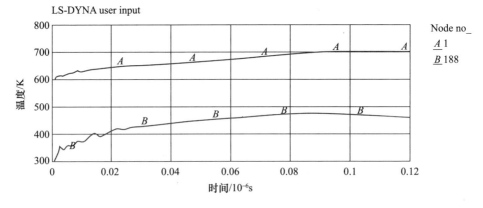

图 2.35 粉末撞击 Fe 基体温度变化

### 2.3.4 Ni/MoS$_2$复合粒子的沉积特征

图 2.36 所示为 Ni/MoS$_2$粒子撞击基体形貌。图 2.36(a)是 Ni/MoS$_2$粒子撞击 45#钢基体的表面形貌,由图可知,半熔化的 Ni/MoS$_2$粒子撞击 45#钢基体,粒子塑性变形充分,熔融粒子呈飞溅状在基体表面铺展,金属 Ni 与基体结合紧密,包覆的 MoS$_2$粒子受撞击破碎,与熔融的 Ni 再次形成黏结。图 2.36(b)所示为 Ni/MoS$_2$粒子撞击 45#钢基体的垂直剖面形貌,图中粒子扁平并呈明显的层状结构,粒子在基体表面铺展,后沉积的粒子对已沉积的粒子形成搭接堆叠,并在搭接堆叠界面产生缝隙和孔隙。

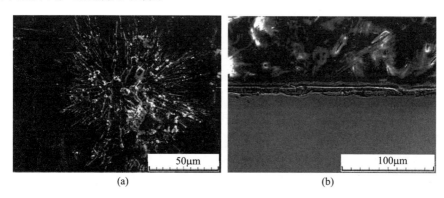

图 2.36 Ni/MoS$_2$粒子撞击基体形貌(45#钢基体)

(a)单粒子表面;(b)垂直截面。

## 2.4 涂层构建过程的残余应力

涂层构建过程中,基体与涂层将随着温度的改变而形变,但由于涂层与基体热膨胀系数不匹配,涂层与基体中将产生残余应力,可能会引起涂层与基体的剥离。近年来,在残余应力的起因及涂层材料性能对其影响等方面的研究主要分为两方面:一方面是涂层沉积和冷却过程中残余应力的形成机理研究;另一方面是残余应力的实验检测及材料性能对其影响的研究。

### 2.4.1 残余应力的生成

由于涂层制备过程涉及高温、大温变或高升温率等环节以及材料热物理性能差异的存在,涂层中必然存在大于通常的机加工的残余应力。其残余应力与等离子体状态、基体和粉末的性能、产品的几何尺寸和形状、约束方式、材料微结构、温度、瞬态效应和耦合效应以及工作环境等诸多因素有关。主要原因可以归纳为以下 3 个方面。

### 1. 相变应力

相变应力主要是指熔融涂层各相在熔化、半熔化与凝固过程产生新相的应力以及被加热、冷却过程的相变产生的应力。通常,由于相变应力比较小常被忽略掉。

### 2. 淬火应力

淬火应力主要描述沉积层形成过程中,后续涂层的各激冷颗粒(individual splats)由熔点温度冷却到前一涂层温度时发生相变和状态变化产生的残余应力。理论证明,淬火应力的最大值为

$$\sigma_q = \alpha_c (T_m - T_s) E_c \tag{2.22}$$

式中 $\alpha_c$, $E_c$, $T_m$, $T_s$——分别为涂层的热膨胀系数、涂层的弹性模量、喷涂材料的熔点和基体的温度。

可以看出:①涂层材料的熔点与基体材料的温差是导致淬火应力的主要因素;②淬火应力与涂层材料的弹性模量相关,基体材料特性对淬火应力几乎不产生影响。

### 3. 失配应力

材料热物理参数的差异是产生残余应力的主要因素。沉积过程结束后,涂层仍然处于高温状态。当材料由高温冷却到常温时,涂层与基体不同的热膨胀系数可以产生较大的失配应变。研究显示:①涂层与基体的温差较大时,可以产生较大的失配应力;②沉积层与基体的厚度之比越小时($h/H < 0.1$),沉积层中失配应力的值有所增加;③对于等厚度情形($h/H = 0.1$),残余应力的平均值可以很小,但其峰值没有明显的减小;④当沉积层与基体的弹性模量之比较小时($E_d/E_s < 0.1$),残余应力的最大值明显减小。

目前,常用于涂层残余应力检测的方法主要包括观察法、弯曲法、钻孔法、X射线衍射法、中子衍射法、拉曼光谱法等。由于等离子沉积涂层的特性,各种测试方法在获得涂层残余应力的准确性方面存在一定的难度,但数值分析能够方便预测和优化工艺参数,可用于研究涂层沉积过程产生的残余应力形成的规律性问题研究。

## 2.4.2 模型建立

### 1. 几何模型

在尺寸为 3mm×60mm×60mm 的不锈钢基体上制备双层涂层,黏结层和陶

瓷层厚度都为 0.3mm。喷涂每种涂层都采用 3 次来回移动形成 3 层涂层结构,每层厚度为 0.1mm。取几何模型长度方向的 1/3 作为研究对象。

## 2. 有限元模型

涂层应力分析的模型可以看成由多层结构形成的。喷涂中高温高速熔融粒子与基体(或已沉积形成的涂层)作用,包括熔融粒子与基体的碰撞,与此同时伴随着粒子的横向流动扁平化,急速冷却凝固喷涂。可以认为是由熔融的粒子不断沉积在已经凝固的涂层表面逐渐堆积的过程。分析模型的特点如下。

(1)喷涂速度远低于涂层的凝固速度,即后沉积的熔滴总是沉积到凝固的涂层表面。

(2)熔化、半熔融的粒子不断沉积而构建涂层。

(3)喷涂粒子撞击基体或已凝固的涂层表面,由动能转化产生的热能可忽略,这是因为喷涂粒子质量较小(为 $2 \times 10^{-3}$mg)、速度较低( <300m/s)。因此,只取几何模型宽度的 1/3 进行分析计算(图 2.37(a))。有限元模型网格划分及固定约束如图 2.37(b)所示。

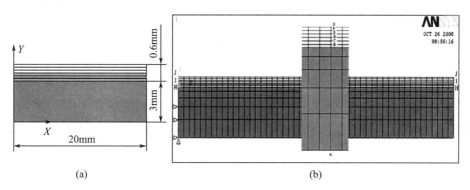

图 2.37　涂层有限元分析模型
(a)分析几何模型;(b)网格划分。

假设如下。

(1)涂层系统(陶瓷层、黏结层和基体)没有缺陷。

(2)材料服从双线性随动强化模型,而且材料为各向同性。

(3)假定涂层各界面光滑,不考虑界面粗糙度的影响,在界面处不产生相对滑动。

(4)在热分析过程中,只考虑试样表面与空气对流传热,不考虑辐射传热的影响。

模拟涂层的形成过程如图 2.38 所示。

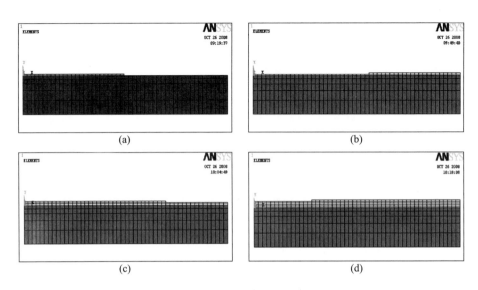

图 2.38　涂层形成过程示意图

### 3. 载荷条件

沉积过程中对流载荷条件如图 2.39 所示。其中：$h_b = 8\mathrm{W}/(\mathrm{m}^2 \cdot \mathrm{s} \cdot \mathrm{K})$，$T_b = 30℃$；$h_r = 20\mathrm{W}/(\mathrm{m}^2 \cdot \mathrm{s} \cdot \mathrm{K})$，$T_r = 127℃$；$h_i = 320\mathrm{W}/(\mathrm{m}^2 \cdot \mathrm{s} \cdot \mathrm{K})$，$T_i = 700℃$（喷涂黏结层），$T_i = 800℃$（喷涂陶瓷层）。

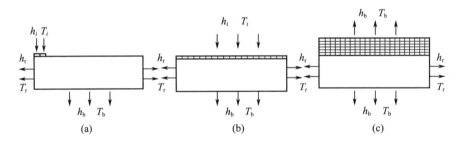

图 2.39　喷涂过程中对流载荷条件

## 2.4.3　涂层生长过程的残余应力形成

### 1. 涂层沉积过程中的温度变化

图 2.40 是喷涂陶瓷涂层的温度场云图。可以看出，陶瓷颗粒的温度为 2478K（2205℃），此时陶瓷颗粒处于熔融状态，与之接触的单元吸收该颗粒的热量，温度升高，温度场呈"扇形"分布。基体表面沉积 5 层涂层后，基体的最低温度也从 27℃上升到 249℃，随着喷涂的进行，基体温度继续升高，喷涂结束时达到最高值。

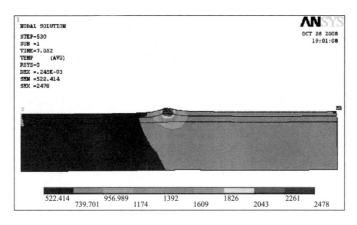

图 2.40    涂层沉积过程中的温度场云图

为分析涂层沉积过程中基体和涂层不同位置的温度变化过程,在基体背面和每层涂层表面的中间位置各选取一个节点,绘出不同节点温度随时间变化曲线(图 2.41)。图 2.41(a)是 A 点的温度随时间变化曲线。可以看出,随着喷涂的进行,A 点的温度呈阶梯状升高,这与实际测量基体背面的温度变化规律相近。A 点的最高温度为 581℃,而实际测量基体背面的最高温度为 367℃,造成实际测量温度低的原因主要包括:有限元分析计算时没有考虑热辐射的影响,实际喷涂中涂层和基体由于热辐射向外散热会造成温度降低;节约计算时间,扁平化颗粒仅在一个方向上沉积。

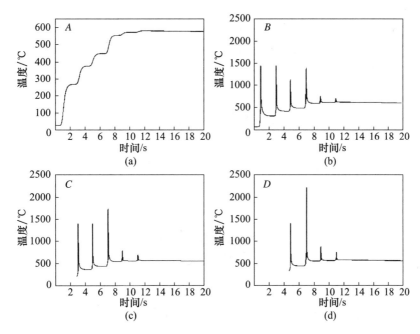

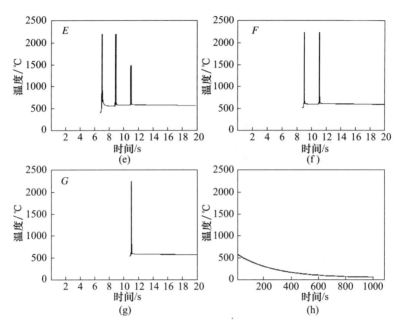

图 2.41　不同节点的温度变化曲线

图 2.41(b) ~ (g)分别是节点 $B$ ~ $G$ 的温度随时间变化曲线。图中显示,涂层单元被"激活"时(也就是涂层颗粒沉积时),单元上的节点温度达到最高。节点 $B$ 是第 1 层涂层表面上的节点,后续 5 层涂层沉积到此位置时,该点温度出现了 5 次峰值,但随着涂层的增厚,后续沉积涂层对其温度的影响也逐渐减弱。另外,涂层颗粒在喷涂过程中经历多次快速升温和快速降温的热冲击作用,这会使涂层中产生较大的残余应力。喷涂结束后,涂层在自然条件下逐渐冷却,温度变化曲线如图 2.41(h)所示,各节点的自然冷却曲线大致相同。

喷涂结束后试样四周加载空气中自然对流载荷($h_c = 20\text{W}/(\text{m}^2 \cdot \text{s} \cdot \text{K})$、$T_c = 27℃$),经过 1000s 冷却,涂层和基体的温度基本均匀达到室温,其温度场分布如图 2.42 所示。

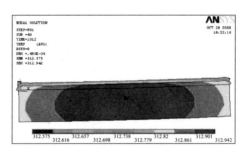

图 2.42　自然冷却结束时的温度场分布

## 2. 涂层沉积过程的残余应力

涂层沉积及其自然冷却是非常复杂的热量传递与温度变化过程。该过程中涂层颗粒和基体经过多次加热和冷却，由于涂层材料、基体的热导率、热膨胀系数及其力学性能等方面的差异会造成各部分变形不一致，从而会产生应力。因为喷涂过程中温度随时间变化且分布不均匀，所以涂层中的应力也随时间变化，并且不均匀分布。

图 2.43 是陶瓷层与黏结层界面上 $D$ 点的应力随时间变化过程。从图中可以看出，该点在 5s 以前应力为 0，这说明该点所在的单元在 5s 之前未被"激活"，也就是涂层颗粒还没有沉积。之后，该点的应力在喷涂过程中剧烈波动，波动区间位于后续单元在该点上被"激活"的时间段，喷涂结束后应力逐步稳定。从图 2.43(a) 中可以看出，$D$ 点的 $X$ 方向应力波动幅度较大，这是因为 $D$ 点经历了 4 次被快速加热和快速冷却过程，该单元在快速膨胀和收缩过程中产生了较大的 $X$ 方向应力。喷涂结束后，经过自然冷却，$D$ 点的 $X$ 方向应力逐渐稳定为约 80MPa 的拉应力。从图 2.43(b)、(c) 中可以看出，$D$ 点的 $Y$ 方向应力和层间应力也存在一定幅度的拉、压应力波动，但最后都变为较小的压应力，这是因为 $D$ 点 $Y$ 方向和层间的温度梯度很小。

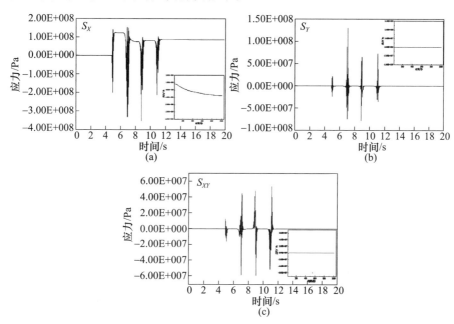

图 2.43 节点 $D$ 的应力变化曲线

(a)$X$ 方向；(b)$Y$ 方向；(c)层间应力。

自然冷却后试样的模拟形貌如图 2.44（a）所示，试样的最大变形量为 0.0485mm，存在于黏结层的边缘。这是因为黏结层颗粒在沉积过程中温度升高尺寸增大，快速冷却尺寸收缩，在尺寸恢复到室温状态前，邻近的或其上黏结层颗粒的沉积阻碍了尺寸的继续收缩，造成黏结层尺寸不断增大。另外，高温陶瓷颗粒沉积到第三层黏结层上时，陶瓷颗粒所带的热量会传给黏结层，黏结层升温膨胀，陶瓷颗粒降温收缩会把黏结层表层的膨胀部分"固定"下来，沉积三层陶瓷层后，黏结层的膨胀量达到最大。喷涂结束的冷却过程中涂层的膨胀量会减小，由于产生了塑性变形，涂层仍会"保留"部分膨胀量。基体与涂层结合面的微域在喷涂过程中经历了高温过程局部熔化收缩和黏结层的冷却收缩使上表面产生收缩变形，下表面由此而产生向上弯曲（图 2.44（a））变形，而基体下表面温度较低、强度大，只产生了弹性变形，所以基体下半部分会对试样上半部分产生反作用的拉应力。图 2.44（b）是试样自然冷却到室温后 X 方向的应力分布。结果表明，最大拉应力为 466MPa，存在于陶瓷层和黏结层的结合面的边缘处，这是因为陶瓷层快速降温收缩时会对黏结层产生拉伸作用。陶瓷层表面也存在较大的拉应力，这是因为黏结层的整体膨胀对陶瓷层有拉伸作用。另外，陶瓷层表面在冷却收缩过程也会产生拉应力，这是造成陶瓷层表面存在大量微裂纹的原因。最大压应力为 250MPa，存在于基体与黏结层的结合界面处，这是由于喷涂黏结层时基体收缩造成的。

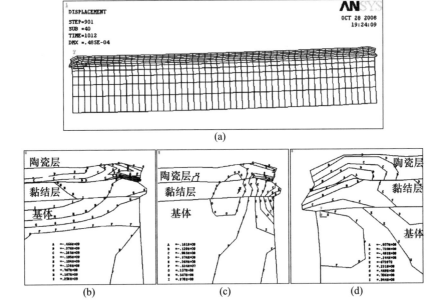

图 2.44　自然冷却后涂层残余应力分布

（a）变形试样整体形貌；（b）X 方向应力；（c）Y 方向应力；（d）层间应力。

图 2.44(c)是试样自然冷却到室温后 Y 方向的应力分布。结果表明,最大拉应力为 161MPa,存在于陶瓷层与黏结层的结合面处。这是由于陶瓷层与黏结层的线胀系数不同,降温收缩时黏结层收缩量大,在 Y 方向上对陶瓷层产生了较大的拉应力。图 2.44(d)是试样自然冷却到室温后层间的应力分布,其中最大层间拉应力为 95.7MPa,也存在于陶瓷层和黏结层的结合面处。

显然,涂层与基体的结合面为应力集中部位,残余应力分布如图 2.45 所示。图中显示,涂层结合面边缘处是应力集中和应力急剧变化的部位,这是因为该部位材料的热力学性能出现突变,传热条件复杂(不仅和涂层与基体内部传热,还要和周围空气进行对流传热)。另外,喷涂过程中该部位在短时间内经历了两次高温过程,热量集中造成应力集中,这个部位的"尖端效应"也是造成该部位应力集中的原因。从图 2.45(a)中可以看出,黏结层与基体的结合面上,X 方向主要存在压应力,最大值为 221.6MPa;在涂层边缘 Y 方向上的拉应力最大,最大值为 174.0MPa;涂层边缘的层间应力主要为拉应力。从图 2.45(b)中可以看出,陶瓷层与黏结层的结合面上,3 种应力在 X = 0 附近达到最大拉应力,在 X = 2.0mm 附近达到最大压应力;在试样中部 X 方向的拉应力约为 80MPa。从图 2.45(c)中可以看出,在陶瓷层表面 X 方向上存在较大拉应力,其中试样中部较大范围存在拉应力,最大值为 423.7MPa。

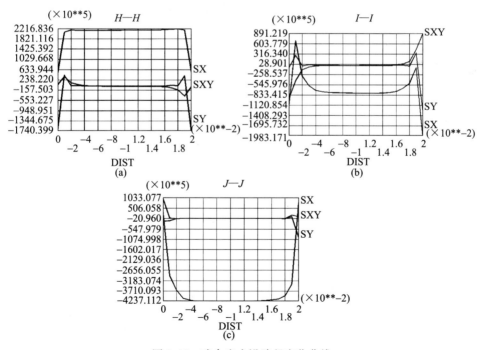

图 2.45　残余应力沿路径变化曲线

### 3. 预热温度对涂层残余应力的影响

等离子技术沉积涂层时,经过高温熔化或半熔化的颗粒撞击到基体表面迅速降温,由于两者之间的温度差异会产生淬火应力,基体预热温度会影响涂层的残余应力,进而影响涂层的使用寿命。

图 2.46 是不同基体预热温度对涂层中不同位置节点温度的影响规律曲线,PH27 表示喷涂前基体温度为27℃。从图 2.46(a)可以看出,随着基体预热温度的升高,喷涂过程中基体的背面温度随之升高。从图 2.46(b)(c)(d)可以看出,随着基体预热温度的升高,第一层黏结层表面 $B$ 点的温度、黏结层与陶瓷层界面 $D$ 点和陶瓷层表面 $G$ 点的温度也会随之升高。因此基体预热会影响黏结层与基体界面上的残余应力大小和分布,也会影响到陶瓷层与黏结层界面以及陶瓷层表面上的残余应力。

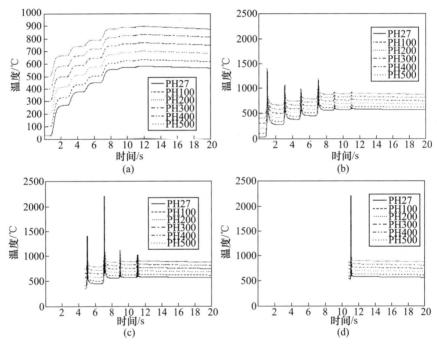

图 2.46　基体预热对节点温度曲线的影响
(a)A 点;(b)B 点;(c)D 点;(d)G 点。

为研究基体预热对等离子喷涂涂层残余应力的影响,首先分析喷涂结束时的应力变化规律,然后研究涂层冷却到室温时的应力变化规律。涂层体系中陶瓷层与黏结层结合面是薄弱环节($I—I$ 界面),陶瓷层表面($J—J$ 表面)的应力也备受关注,本书只分析这两个界面上 $X$ 方向应力的变化情况。

图 2.46 所示为基体预热温度对喷涂结束时 I—I 界面和 J—J 表面应力的影响曲线。从图 2.46(a)中可以看出,随着基体预热温度的升高,I—I 界面中部的压应力不断下降,其中预热温度为 300℃ 和 400℃ 的下降幅度最大。从图 2.46(b)可以看出,随着基体预热温度的升高,J—J 表面中部的拉应力不断增大,其中预热温度为 300℃ 的增加幅度最大。

这是因为高温涂层颗粒在基体或其他涂层表面沉积时,涂层颗粒会迅速降温产生淬火应力,应力的大小可以用式(2.23)估算,即

$$\sigma_q = \alpha_c (T_m - T_s) E_c \tag{2.23}$$

式中 $\alpha_c$,$E_c$,$T_m$,$T_s$ ——涂层的热膨胀系数、涂层的弹性模量、喷涂材料的熔点和基体的温度。

对于 I—I 界面,基体预热温度升高,沉积的黏结层温度也相应升高,即 $T_s$ 增大,所以 $\sigma_q$ 减小。而对于 J—J 表面,基体预热温度升高,沉积的黏结层温度也相应升高,温度越高,造成黏结层的变形量增大,黏结层与陶瓷层的热膨胀系数之差增大,因而对陶瓷层内部的拉应力也随之增大,陶瓷层表面的拉应力也会变大。

图 2.47 是基体预热温度对冷却后 I—I 界面和 J—J 表面应力的影响曲线。从图中可以看出,随着基体预热温度的升高,I—I 界面中部和 J—J 表面的拉应力都是逐渐升高,其中预热温度为 300℃ 的升高幅度最大。对比图 2.47、图 2.48 发现,喷涂结束时和冷却后涂层中的应力大小与类型有很大不同。特别是 I—I 界面上的应力由压应力变为拉应力,而 J—J 表面的拉应力有很大提高。这是因为喷涂结束时,陶瓷层和黏结层都处在较高温度状态,由于黏结层的膨胀量大,受到陶瓷层的约束,I—I 界面上产生压应力,而陶瓷层表面受到黏结层的拉伸而产生拉应力。冷却后,涂层和基体的温度都降至室温,但由于黏结层和基体上表面都发生了塑性变形,在降温收缩过程中受到陶瓷层约束,在界面上残存拉应力。J—J 表面始终受到膨胀黏结层拉伸而残存较大的拉应力。

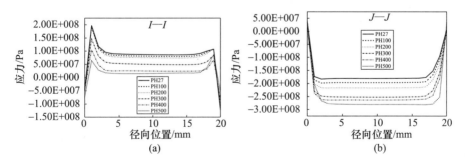

图 2.47 基体预热对喷涂结束时应力的影响曲线

(a)I—I 界面; (b)J—J 表面。

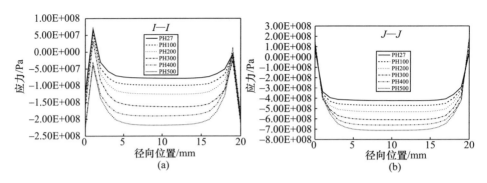

图 2.48　基体预热对冷却后应力的影响曲线

(a)I—I 界面;(b)J—J 表面。

显然,陶瓷层表面承受较高温度,基体背面被冷却温度较低,在陶瓷层与基体之间会存在较大的温度梯度。制备涂层喷涂结束时,陶瓷层表面与基体之间存在较大温度梯度。由此看来,喷涂结束时涂层的温度分布与实际应用环境相近,应力分布也更能反映工作中的应力状态,所以研究喷涂结束时的应力分布更有实际意义。显然,基体预热温度为 500℃,I—I 界面和 J—J 表面的应力最小。另外,还要考虑涂层冷却到室温时的应力大小及分布,防止涂层冷却到室温后剥落。而且,基体预热温度越低,I—I 界面和 J—J 表面的应力越小。

# 参 考 文 献

[1] Vicek J,Huber H,Voggenreiter H,et al. Kinetic powder compaction applying the cold spray process:A study on parameters[J]. Thermal Spray 2001:New Surfaces for a New Millennium,C. C. Berndt,K. A. Khor and E. F. Lugscheider,Eds.,ASM International,Materials Park,Ohio,2001:417 – 422.

[2] 李文亚,李长久,等. 冷喷涂 Cu 粒子参量对其碰撞变形行为的影响,金属学报,2005,3:282 – 286.

[3] Zhang D,Shipway P H,McCartney D G. Particle – Substrate Interactions in Cold Gas Dynamic Spraying [J]. Thermal Spray 2003:Advancing in the Science & Applying the Technology,(Ed)C. Moreau and B. Mample, Published by ASM International,Materials Park,Ohio,USA,2003:45 – 52.

[4] 王豫跃. 粒子状态对 HVOF 涂层结合强度的影响[D]. 西安交通大学,2001.

[5] 查柏林. 多功能超音速火焰喷涂技术研究[D]. 第二炮兵工程学院,2003.

[6] Wilden J and Frank H. Thermal spraying – simulation of coating structure[J]. Therma Spray Connects:Explore its surfacing potential!,proceedings of ITSC,2005:2 – 4,Basel,Switerland.

[7] 侯根良. 基于超音速火焰喷涂数值模拟的冷喷涂实现与功能性涂层的制备[D]. 第二炮兵工程学院,2005.

[8] Pope S B. PDF methods for turbulent reactive flows[J]. Progress of Energy and Combustion Science,1985, 11:119 – 192.

[9] 李勇. k – ε – PDF 两相湍流模型和台阶后方气粒两相流动的模拟[J]. 工程热物理学报,1996,17

（2）:234 – 238.

[10] 侯根良,王汉功,袁晓静等. 超音速火焰喷涂燃烧室燃气成分与温度的计算[J],兵器材料科学与工程,2005,28（2）:16 – 18.

[11] The User's Guide,FLUENT. inc,http://www. fluent. com/.

[12] 白金泽. LS – DYNA3D 理论基础与实例分析[M]. 北京:科学出版社,2005.

[13] 时党勇,等. 基于 Ansys/Ls – Dyna8. 1 进行显式动力分析[M]. 北京:清华大学出版社,2005.

[14] John O. Hallquist,LS – DYNA theoretical manual, Livermore Software Technology Corporation All rights Reserved Copyright 1991 – 1998:17. 3.

[15] Donald R. Askeland,Pradeep P. Phule,the Science and Engineering Materials Forth Edition Ⅱ[M]. 北京:清华大学出版社.

[16] Christophe Poizat,Laurence Campagne,Loic Daridon,et al. Modeling and Simulation of Thin Sheet Blanking using Damage and Rupture Criteria[J]. International Journal of Forming Processes,2005,8:29 – 47.

[17] Johnson G R,Cook W H. Fracture characteristics of three metals subjected to various strains,strain rates, temperatures and pressures,Engrg. Fract. Mech. 1985,21:31 – 48.

[18] Tuğrul Özel,Erol Zeren. Finite element modeling of stresses induced by high speed machining with round edge cutting tools[C]// Proceedings of 2005 ASME International Mechanical Engineering Congress & Exposition Orlando,Florida,2005,5 – 11.

[19] Banerjee B,MPM validation:Sphere – cylinder impact:Medium resolution simulations,Report No. C – SAFE – CD – IR – 04 – 003.

[20] 金阿芳,买买提明·艾妮. 论光滑粒子流涕动力学方法[J]. 新疆大学学报,2006,5:188 – 193.

[21] 李裕春,时党勇,赵元. ANSYS10. 0/LSDYNA 理论基础与工程实践[M]. 北京:中国水利出版社,2006.

[22] Fukanuma H,Ohno N,Toda. A study of adhesive strength of cold spray coatings,Thermal Spray 2004:Advancing in Technology and Application,(Ed. )C. Moreau and B. Marple,Published by ASM International, Materials Park,Osaka,Japan,2004,10 – 12.

[23] Li C,Li W,Liao H. Examination of the Critcal velocity for deposition of particles in Cold Spraying [J]. Journal of Thermal Sprayed Technology,2006,152:212 – 222.

[24] Barradas S,Molins R,Jeandin M,Laser shock flier impact simulation of particle – substrate interactions in cold spray,Therma Spray Connects:Explore its surfacing potential!,proceedings of ITSC2005,2005,2 – 4, Basel,Switerland.

[25] Shimizu J,Hitachi J,Ohmura E,et al. Molecular Dynamics Simulation on Flattening Process of a High – Temperature and High – Speed Droplet,Thermal spray Solutions:Advance in Technology and Application, proceedings of ITSC2005,2004,10 – 12,Osaka,Japan.

[26] 侯平均. 等离子喷涂 $ZrO_2$ 热障涂层性能研究[D]. 第二炮兵工程学院,2009.

[27] 袁晓静. 热喷涂吸波涂层的构建与若干性能研究[D]. 第二炮兵工程学院,2008.

[28] 江礼. 热喷涂固体自润滑涂层的构建与若干性能研究[D]. 第二炮兵工程学院,2010.

# 第3章 固体自润滑涂层的微观结构—宏观性能耦合

固体自润滑涂层的有效性能常数一般通过实验测试或通过建立适宜的数学模型来得到,后者在涂层设计中起着重要作用。而南策文教授将 ATA(MG)公式扩展到各向同性非均质材料有效输运性能的研究表明,粒子特征、分布以及涂层的界面特征等参数对复合材料的宏观参数有着重要的影响。热喷涂固体自润滑涂层显微结构存在复杂的自相似特征,这是由许多不同几何特性和性质的均匀微域(或组元)所组成,这些特性对热喷涂固体自润滑涂层的宏观性能产生重要的影响。

## 3.1 固体自润滑涂层的基本描述

### 3.1.1 涂层的结构特征

由热喷涂涂层的构建过程可知,涂层总是存在各种非均匀性,根据特性可分为微观非均匀性与尺度非均匀性。微观非均匀性通常是原子尺度上的一种化学或物理非均匀性,而尺度非均匀性是指在尺度足够大于结构中任何尺度,以至在这个尺度上每部分材料行为仍可(或近似地)由宏观本构方程所控制。

涂层中微域的特性取决于其原子组成和原子结构。在组成上,微域可以为金属、无机非金属及高分子材料,甚至是气孔,在结构上总是呈现晶体或无序态。对涂层来讲,这些微域的尺度通常远远大于它们的微观特征尺度,因此,通常近似认为它们具有相同于所对应的宏观均匀材料的性质(图3.1)。但当微域尺度接近它们的微观尺度时,单个纳米粒子的特性显然不同于它所对应的宏观均匀涂层的性质,这时还需考虑纳米粒子本身的尺寸效应;另外,微域的性能参数($K=(\varepsilon,\mu)$)是涂层显微结构与宏观性能定量的输入参量。由于宏观性能参数($K^*=(\varepsilon^*,\mu^*)$)是依赖于微域的局部组成和形态结构,因此它是桥接、统一微观结构与宏观性能的重要纽带。热喷涂固体自润滑涂层宏观性能参数计算由主相的相对含量($f$)、喷涂粒子形状参数($N$)、粒子尺寸分布参数($s$)与涂层界面特征($\eta$)等构成,即

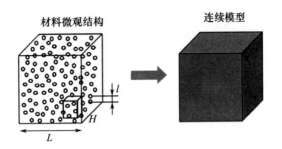

图 3.1 涂层微观特征与涂层的宏观性能

$$K^* = F(K, f, N, s, \eta) \qquad (3.1)$$

式中　$K^*$——涂层的宏观性能参数。

　　　$K$——涂层中局部组元的性能参数,该参数与涂层的制备工艺存在必然的联系,而热喷涂涂层宏观性能关联模型如图 3.2 所示,其中热喷涂涂层的等效参数是热喷涂涂层宏观性能的重要基础,但对于热喷涂涂层,其中的几个重要参数需要严格确定,因而需要对等效介质公式进行改进。

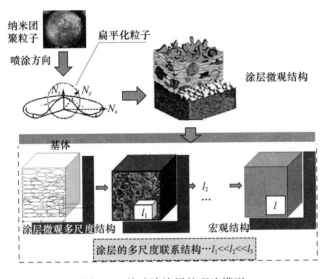

图 3.2　热喷涂涂层的理论模型

### 3.1.2　涂层微观特征与分形表征

　　涂层中具有相同性质微域的相对含量是涂层组成的重要参数,通常可用体积分数($f$)、质量分数或摩尔分数来表示。然而,受到热喷涂工艺的限制,所制备涂层中相对含量往往不能准确表征,其对宏观性能的重要作用需要对涂层的形貌和组织结构的相关性进行系统考察。热喷涂涂层的组织结构在一定尺度上存在自相似特征,是分形结构,因而分形维数对涂层的几何形貌进行表征与复合涂层的组织特征都具有重要意义。热喷涂涂层的微观结构并不像 Koch 曲线和 Sierpinki 地毯那样按一定的数学法则生成,具有严格的自相似性,而只是在大范围内统计意义下的自相似性,其自相似性只有在一定尺度范围内才能成立,且属于统计意义下的自相似性,称它为局域分形。本书研究的分形均为局域分形。

在热喷涂复合涂层中,存在特征尺寸,根据涂层的微观形貌,在对于 $D \rightarrow A$ 区间内的不同度量尺度 $x$,主相在涂层组织结构的面积 $S(x)$ 满足下列公式,即

$$S(x) \propto x^d \tag{3.2}$$

涂层中的粒子形状具有自相似特征,因而,所构建的复合固体自润滑涂层在不同方向上也就具有自相似性,即涂层的元面积分布呈现分形特征,则式(3.2)中的 $d$ 即为涂层主相的体积分形维数。

## 1. 分形理论

分形学的理论基石是拓扑学,是法国数学家 Mandelbrot 于 20 世纪 70 年代中期创立并发展起来的几何理论,用以描述欧氏几何的整数维空间以外的复杂对象。分形几何能对复杂的曲线、曲面及形态进行描述、分析与度量。它弥补了欧氏几何只适应常规平滑线、面、体的不足,将分形理论与数字图像处理相结合应用于涂层微观形貌、结构的分析与量测是热喷涂涂层结构性能研究中的发展与探索。

为明确表达分形维数的分数性质,Mandelbrot 将豪斯道夫维数称为分形维数。可定义为:设有一个 $D_h$ 维几何图形,若其每边长度扩大 $L$ 倍,则此图形的体积应放大 $K$ 倍,可表示为 $L^{D_h} = K$ 或 $D_h = \log K / \log L$,称 $D_h$ 为该图形的豪斯道夫维数(或 $\mathrm{Dim}_H D_h$)。

由于测定维数对象不同,就某个分形维数的定义而言,对有些对象可以适用,而对另一些可能完全不适用。实际测定分形维数的方法大致可以分成改变观察尺度求维数、质量尺度法、相关函数法、小波变换法等。

## 2. 基于小波的分形维数

小波分析是一种窗口大小固定但其形状可改变、时间窗和频率窗都可改变的时频域化分析方法,即在低频部分具有较高的频率分辨率和较低的时间分辨率,在高频部分具有较高的时间分辨率和较低的频率分辨率,是 1984 年法国地球物理学家 J. Morlet 在分析处理地球物理勘探资料时提出来的,其数学基础是傅里叶变换。小波变换的含义是:把基本的小波函数 $\psi(t)$ 作位移 $\tau$ 后,再在不

同尺度 $a$ 下与待分析图像 $x(t)$ 内积,即

$$WT_x(a,\tau) = \frac{1}{\sqrt{a}} \int_{-\infty}^{+\infty} x(t) \psi^* \left( \frac{t-\tau}{a} \right) dt \quad a > 0 \tag{3.3}$$

等效的频域表示为

$$WT_x(a,\tau) = \frac{\sqrt{a}}{2\pi} \int_{-\infty}^{+\infty} x(\omega) \psi^* (a\omega) e^{j\omega t} d\omega \tag{3.4}$$

与一维信号不同的是,图像是二维信号,对于任意一点 $(x,y)$ 有一个图像的灰度值 $f(x,y)$ 与之对应,点坐标 $(x,y)$ 连续变化时就确定了一个连续变化的二维图像(函数) $f(x,y)$。所以,将小波变换应用到图像处理中,就必须首先把小波变换由一维推广到二维。

令 $f(x_1,x_2) \in L^2(R^2)$ 表示二维图像,$x_1$、$x_2$ 分别是其横坐标和纵坐标。$\psi(x_1,x_2)$ 表示二维基本小波,将二维连续小波定义:令 $\psi_{a;b_1,b_2}(x_1,x_2)$ 表示 $\psi(x_1,x_2)$ 的尺度伸缩和二维位移,即

$$\psi_{a;b_1,b_2}(x_1,x_2) = \frac{1}{a} \psi \left( \frac{x_1-b_1}{a}, \frac{x_2-b_2}{a} \right) \tag{3.5}$$

则二维连续小波变换为

$$WT_f(a;b_1,b_2) = <f(x_1,x_2), \psi_{a;b_1,b_2}(x_1,x_2)> =$$
$$\frac{1}{a} \iint f(x_1,x_2) \psi \left( \frac{x_1-b_1}{a}, \frac{x_2-b_2}{a} \right) dx_1 dx_2 \tag{3.6}$$

式(3.6)中的因子 $\frac{1}{a}$ 是为了保证小波伸缩前后其能量不变而引入的归一化因子。

式(3.7)对应的反演小波变换为

$$f(x_1,x_2) = \frac{1}{c_\Psi} \int_0^{+\infty} \frac{da}{a^3} \iint WT_f(a;b_1,b_2) \psi \left( \frac{x_1-b_1}{a}, \frac{x_1-b_1}{a} \right) db_1 db_2 \tag{3.7}$$

其中:

$$c_\Psi = \frac{1}{4\pi^2} \iint \frac{| (\psi(\omega_1,\omega_2)) |^2}{| \omega_1^2 + \omega_2^2 |} d\omega_1 d\omega_2$$

以上就是由一维小波变换引伸出的二维连续小波变换的定义。

当 $V_{2j}(j \in Z)$ 是 $L^2(R)$ 离散多尺度逼近,则 $\Phi(x,y) = \phi(x)\phi(y)$ 是关联的二维缩放函数。令 $\psi(x)$ 为缩放函数 $\phi(x)$ 的一维关联小波,3 个小波分解函数为

$$\begin{cases} \psi(x,y) = \phi(x)\phi(y) \\ \Psi^1(x,y) = \phi(x)\psi(y) \\ \Psi^2(x,y) = \psi(x)\phi(y) \\ \Psi^3(x,y) = \psi(x)\psi(y) \end{cases} \tag{3.8}$$

则二维图像$f_{j-1}(x,y)$小波变换后得到 4 幅图像,分别为

$$\begin{cases} A_2^j f_{j-1}(x,y) = \phi(y)^* \mid \phi(y) \cdot f_{j-1}(x,y) \mid \\ D_2^{1,j} f_{j-1}(x,y) = \psi(y)^* \mid \phi(y) \cdot f_{j-1}(x,y) \mid \\ D_2^{2,j} f_{j-1}(x,y) = \phi(y)^* \mid \psi(y) \cdot f_{j-1}(x,y) \mid \\ D_2^{3,j} f_{j-1}(x,y) = \psi(y)^* \mid \psi(x) \cdot f_{j-1}(x,y) \mid \end{cases} \tag{3.9}$$

式中,$^*$为垂直方向上的卷积;$\cdot$为水平方向上的卷积。分辨率$2^{j-1}$的二维图像$f_{j-1}(x,y)$经小波分解后,得到 4 幅分辨率为$2^j$的子图。图像进行二维离散小波分解后,得到小波变换系数$A(A_2^j f_{j-1})$、垂直方向上的高频变换系数$C$($D_2^{1,j} f_{j-1}$)、水平方向上变换系数$H(D_2^{2,j} f_{j-1})$和对角线上的高频变换系数$D$($D_2^{3,j} f_{j-1}$),这些系数从不同角度反映了图像信息的变化。$A$反映了图像的整体信息,$C$反映了图像的垂直边缘信息,$H$反映了水平边缘信息,$D$反映了图像的纹理图像信息。图像的整体信息可以全面刻画图像的整体特征,对于求解热喷涂涂层分形维数的问题,就是求其整体与局部的分形维数的问题。

当函数$f$与小波$\psi$满足上述小波理论的基本条件时,$f \in C^\alpha$的充要条件是$f$的小波变换$W_\psi f$满足不等式,即

$$\left| (W_\psi f)\left(\frac{1}{2^m}, \frac{n}{2^m}\right) \right| \leqslant c2^{-m(\alpha+\frac{1}{2})} \quad m = N-1, N-2, \cdots, N-M \text{ 均为整数}$$

(3.10)

其中令

$$\mid d_n^m \mid \leqslant (W_\psi f)\left(\frac{1}{2^m}, \frac{n}{2^m}\right) \tag{3.11}$$

因而,求整体分形维数的问题就变成求最佳$\min c$、$\max \alpha$,使得

$$\mid d_n^n \mid \leqslant c2^{-m\alpha} \tag{3.12}$$

估算分形维数时,所分析的图像可能包含虚度尖峰或突变部分,并且噪声多数不是平稳的白噪声。在无噪声的情况下,小波系数可以刻画分形图像的局部细节特征,展示其自相似特征,进而确定其维数。

## 3. 基于小波极大模的多重分形

在涂层工艺问题的研究中,在各种复杂的分形结构的形成过程中,其局域性条件是十分重要的,简单的分形维数对所研究的对象只能作一整体性的、平均性的描述与表征,无法反映不同区域、不同层次、不同局域条件形成的各种复杂分形结构全面精细的信息,不能完全揭示出产生相应分形的特征,为此需要多重分形。它是定义在分形结构上的无穷多个标度指数所组成的一个集合,是通过一

74

个谱函数来描述分形结构是不同的局域条件,或在演化过程中不同层次所导致的特殊结构行为与特征,是从系统的局部出发来讨论特征参量的概率测度的分布规律。

小波变换通过伸缩和平移运算对函数或图像进行多尺度细化分析,能对奇异图像的多重分形进行空间尺度的精细描述,从而得到有关分形目标的奇异性分布和内在信息,是研究分形的有力工具。小波函数的选择要求满足定义域紧支撑条件和小波容许条件。当被分析图像 $s(x)$ 在点 $x_0$ 的 Hölder 指数小于小波的消失矩阶数时,则至少存在一条小波极大模线指向 $x_0$ 点,而且沿极大模线,小波变换系数存在以下尺度行为,即

$$W_\psi[s](a,x_0) \sim a^{\alpha(x_0)} \tag{3.13}$$

根据多重分形机理,定义多重分形系统的配分函数 $\chi_q(\delta)$ 为概率测度 $P_{ij}$ 的 $q$ 阶矩,即

$$\chi_q(\delta) = \sum_{ij} P_{ij}^q \tag{3.14}$$

$q$ 为权重因子。当 $q > 1$ 时,大的 $P_{ij}$ 对 $\chi_q(\delta)$ 的贡献占优势;当 $q < -1$ 时,小的 $P_{ij}$ 对 $\chi_q(\delta)$ 的贡献占优势,因此 $\chi_q(\delta)$ 为概率测度 $P_{ij}$ 的另一种分布形式。在无标度区域内 $\chi_q(\delta)$ 存在着以下标度关系,即

$$\chi_q(\delta) = \delta^{\tau(q)} \tag{3.15}$$

式中    $\tau(q)$ ——质量指数。

则在小波变换空间尺度配分函数,它在 $a \to 0$ 时,满足

$$Z(q,a) = \sum_{|x_i(a)|} |W_\psi[s](a,x_i(a))|^q \sim a^{\tau(q)} \tag{3.16}$$

即在给定的尺度上,不是对所有小波变换系数求和,只对其模极大值求和。这样做可避免 $q < 0$ 时小波系数振动所带来的偏差。作为描述同一物理量对象的 3 个标度指数 $\alpha$、$f(\alpha)$ 和 $\tau(q)$,它们之间有内在的联系,即勒让德变换,有

$$\begin{cases} \alpha(q) = \dfrac{\mathrm{d}\tau(q)}{\mathrm{d}q} \\ f(\alpha) = q \cdot \alpha(q) - \tau(q) = q \cdot \dfrac{\mathrm{d}\tau(q)}{\mathrm{d}q} - \tau(q) \end{cases} \tag{3.17}$$

利用这种关系,通过程序测定并计算质量指数 $\tau(q)$,便可得到分形结构的多重分形谱 $f(\alpha)$。$f(\alpha_{ij})$ 给出比分维更丰富的结构信息。因此 $f(\alpha_{ij})$ 的物理意义是对分形结构上的复杂程度、不规则程度及不均匀程度的量度。

### 4. 涂层微观特征与体积含量

为了有效计算图像的分形维数,对涂层微观形貌图像进行处理,进而为涂层

的有效性能参数计算提供分形指数,并作为第一个特征。计算过程中,利用高频水平与垂直的计算小波变换的模系数,然后利用该系数确定该尺度下的低频系数,计算低频模的极大值。研究中,可先对涂层的特征进行分形描述,涂层主元的面积应当满足下列分形表达式,即

$$S(x) = Cx^d \tag{3.18}$$

式中  $S(x)$ ——涂层的主元的面积;

$C$ ——比例常数。

对于热喷涂涂层,其分形体积含量可表示为

$$f(r) = C \left( \frac{r_0}{r_m} \right)^{3-D} \tag{3.19}$$

式中  $f$ ——体积含量;

$D$ ——涂层的分形维数。

复合涂层中主相分形单元的最大尺度和最小尺度分别为 $r_m$ 和 $r_0$,$r_0/r_m$ 为特征尺度,常数 $C$ 可在计算涂层的分形维数 $D$ 的过程中得到。

由于热喷涂自身特征的限制,粒子的沉积特征如图3.3所示。粒子在沉积过程中的具体形貌受到粒子自身尺寸、粒子碰撞速度与温度的影响,其特征表现为尺度的不均匀性与自相似性。在复合涂层中,随着第二相体积分数的变化,其几何分布会发生质的变化。

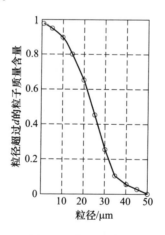

图 3.3  粒子的分布

### 3.1.3  热喷涂粒子尺寸与晶粒尺度分布

单个微域的尺寸分布是最常被测量的几何参数,可用三维线度来表示,但对于不规则粒子比较复杂。对近似球或等轴多面体粒子,则可简单地用粒子的半径来表示。在热喷涂涂层中,沉积粒子的大小分配可按照 Rosin – Rammler 方程式

(3.20)或者正态分布的方式定义,粒子的尺寸变量可离散化为不同的尺寸粒径,即

$$n(r) = \frac{1}{r\sqrt{2\pi\ln\sigma}}\exp\left\{-\left[\frac{\ln\left(\frac{r}{\bar{r}}\right)}{\sqrt{2\pi\ln\sigma}}\right]^2\right\} \quad (3.20)$$

式中　$r$——几何平均颗粒半径;

　　　$\delta$——分布的标准差。

如果 Rosin – Rammler 分布中的小粒子量远高于大粒子量,可以通过该方程选择较合适的粒子分布流(图3.3)。在标准的 Rosin – Rammler 分布中,粒子的尺寸可以为 $1\sim100\mu m$。在实际涂层中,平均粒子的尺寸可从纳米级变化到微米级,因此粒子尺寸是一个在几个数量级之间的几何参量,当涂层中存在多尺度的粒子时,涂层的微观结构与宏观特征之间存在的关系参考图3.1。因此,对于热喷涂固体自润滑涂层,存在有粒子多尺度团聚时,则团聚状态粒子的微观性能($K^* = (\varepsilon^*, \mu^*)$)受到粒子尺度的影响,即可表示为

$$K^* = \int_0^\infty K(r)n(r)\mathrm{d}r \quad (3.21)$$

式中　$K(r)$——主粒子相的微观性能;

　　　$n(r)$——粒子的 Rosin – Rammler 分布。

### 3.1.4　热喷涂粒子形态与极化参数

#### 1. 热喷涂粒子的扁平化过程

粒子的扁平化是指熔化或半熔化状态粒子碰撞到基体表面或已经形成的涂层表面后,变形铺展冷却凝固的过程,它决定了涂层组织结构、涂层与基体以及涂层内部粒子间的结合,一直受到热喷涂研究者的关注。但由于整个扁平化过程只有几微秒到几十微秒的时间,很难直接观察到。从 Madejski 和 Jone 等开始,许多学者对粒子扁平化过程进行了大量实验测量与理论计算,并建立了一些模型,从理论上对该过程进行了探讨。

在忽略凝固对粒子扁平化影响的情况下,扁平粒子的大小可由式(3.22)确定,即

$$\frac{3\xi^2}{We} + \frac{1}{Re}\left(\frac{\xi}{1.2941}\right)^5 = 1 \quad (3.22)$$

式中　$\xi = D/d_p$——粒子的扁平率;

　　　$D$——扁平粒子直径;

　　　$d_p$——喷涂粒子直径;

$We = \rho_p u_p^2 d_p / \sigma_p$ ——Weber 数;

$u_p$ ——粒子的初始碰撞速度;

$\sigma_p$ ——熔滴的表面张力;

$Re = \rho_p d_p u_p / \sigma_p$ ——雷诺数;

$u_p$ ——熔滴的黏性系数。

在热喷涂条件下,熔滴的表面张力很小,因而 $1/We \approx 0$,而且一般 $Re > 100$,则上式简化为

$$\xi = 1.2941 Re^{0.2} \qquad (3.23)$$

此即 Modejski 模型的简化形式。利用此模型可以预测扁平粒子的大小和厚度,但在实际喷涂过程中,扁平粒子往往会飞溅。因而实际扁平粒子的形貌与理想圆盘粒子相差较大。如果粒子在碰撞过程中产生了飞溅,Madejski 模型预测的理论扁平度往往偏大。影响扁平粒子形貌的因素主要有粒子的速度、粒度、粉末类型和热物理性能、基体的表面形貌、温度和热物理性能等,也受到喷涂工艺的影响。

从接触基体始,粒子就开始变形,从球形向圆盘状变化的时间为 $10^{-10} \sim 10^{-9}$s。对于典型的层状结构,粒子具有典型的圆盘状态,这就容易用粒子直径来评估粒子的表面积 $A$。$\xi$ 可定义为

$$\xi = \frac{2}{d_p} \sqrt{\frac{A}{\pi}} \qquad (3.24)$$

式中　　$d_p$ ——粒子碰撞前的直径。

$\xi$ 由 $Re$ 和 $We$ 决定。$Re = \dfrac{\rho_l d_p v^2}{\eta_l}$;$We = \dfrac{\rho_l d_p v^2}{\sigma}$ 其中 $v$ 为粒子的碰撞速度,$\eta_l$ 和 $\rho_l$ 分别为碰撞粒子的黏滞系数和密度,$\sigma$ 为表面张力。

## 2. 颗粒形状与各向异性参数

当椭球形粒子的 3 个主轴相等时,为球形粒子;当球形粒子的一个主轴比其他两个主轴大得多时,就过渡到针形粒子;当椭球形粒子的两个主轴比较大,另一个又很小时,就过渡到片形粒子。对椭球形粒子,其 $i$ 方向($i = x$、$y$、$z$)的极化率为

$$\chi'_e = \frac{v(\varepsilon_1 - \varepsilon)}{\varepsilon + N_i(\varepsilon_1 - \varepsilon)} \qquad (3.25)$$

$N_i$ 为 3 个主轴方向的极化因子,为一椭圆积分,对任意形状粒子一般情况下没有解析解;对旋转椭球,有解析解,即

$$N_i = \int_0^\infty \frac{a_x a_y a_z \mathrm{d}s}{2(s + a_x^2)^{3/2}(s + a_y^2)^{1/2}(s + a_z^2)^{1/2}} \qquad (3.26)$$

78

这里,极化因子仅仅依靠粒子各轴的比率,而不是粒子的半轴长。因而,也有 $N_x + N_y + N_z = 1$。

对于长球体( $a_x = a_y < a_z$ , $p = a_z/a_x > 1$ ),有

$$N_z = \frac{1}{(1-p^2)} + \frac{p}{(p^2-1)^{3/2}} \ln(p + \sqrt{p^2-1}) , \quad N_{x,y} = \frac{(1-N_k)}{2} \quad (3.27)$$

对于扁球体( $a_x = a_y > a_z$ , $p = a_z/a_x < 1$ ),有

$$N_z = \frac{1}{(1-p^2)} - \frac{p}{(1-p^2)^{3/2}} \arccos p , \quad N_{x,y} = \frac{(1-N_z)}{2} \quad (3.28)$$

特殊情况下,对于球形: $N_x = N_y = N_z = 1/3$ ;对于针形: $N_x = 0$ , $N_y = N_z = 1/2$ ;对于片形: $N_x = 1$ , $N_y = N_z = 0$ ,如图 3.4 所示。在热喷涂制备涂层时,仅存在粒子的扁平化过程,因而,认为粒子的形状参数在 0~1 之间。当粒子为椭球状时,粒子各个方向上的极化因子随粒子扁平度的变化如图 3.5 所示。

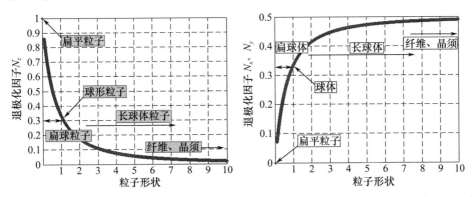

图 3.4　椭球形粒子的极化因子

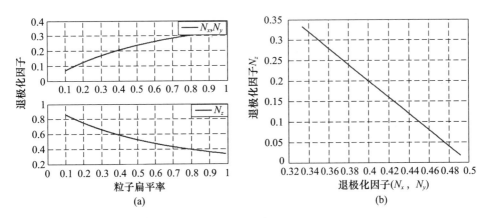

图 3.5　热喷涂粒子的极化因子
(a)粒子扁平率—极化因子;(b)$x$、$y$ 轴极化因子—$z$ 轴极化因子。

### 3. 热喷涂粒子状态对涂层性能参数的影响

前文讨论了3种不同状态(球形、片形和针形)粒子的有效性能参数的计算,由于在喷涂过程中粒子扁平化的影响,当粒子速度和温度足够大时,便有 $N_z = 0$;$N_y = N_x = 1/2$。粒子的扁平率可以表征喷涂粒子在沉积过程中的变形能力。当假设涂层的粒子为椭球形时,其体积为 $V = \frac{4}{3}\pi abc$,其中 $a$、$b$、$c$ 分别为椭球的3个半轴。其表面积如前面所述。那么当喷涂时,粒子的扁平化作用后,粒子的扁平度为 $\xi = D/d_p$,其中 $D$ 为扁平粒子直径,$d_p$ 为喷涂粒子直径。$V = \frac{1}{6}\pi d_p^3$;这样,$d_p = d_x = d_y = d_z$;则有

$$\xi^2 = \left(\frac{a}{2d_p}\right)^2 = \frac{d_p}{2c} \tag{3.29}$$

由上可推知

$$p = \xi^{-3} \tag{3.30}$$

因而,根据式(3.30),热喷涂粒子的极化因子可表示为

$$N_k = \frac{\xi^6}{(\xi^6 - 1)} - \frac{\xi^6}{(\xi^6 - 1)^{3/2}}\arccos\xi^{-3}, \quad N_{i,j} = \frac{(1 - N_k)}{2} \tag{3.31}$$

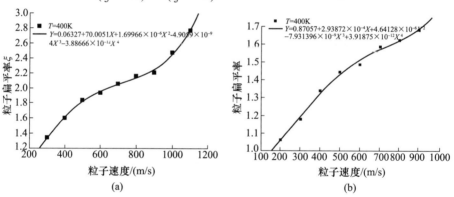

图3.6 粒子速度与扁平化参数之间的关系

(a)粒子直径为20μm;(b)粒子直径为40μm。

当将扁平粒子近似为扁椭球体时,其扁平率可以用式(3.24)表示。图3.6分别给出了喷涂(粒子直径为20μm与40μm)粒子的扁平率与粒子速度之间的关系。在热喷涂过程中粒子扁平率与表征主相粒子的长径比之间的关系如图3.7所示。随着椭球体的比例增加,粒子的扁平率呈递减趋势。图3.8分别给出了热喷涂粒子速度与粒子极化因子的关系。说明热喷涂过程中,粒子的扁平化过程通过影响主相粒子的极化参数,进而对涂层性能产生影响。

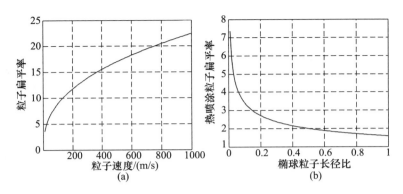

图 3.7  粒子速度、扁平率以及长径比关系（热喷涂）

（a）速度—扁平率关系；（b）扁平率—长径比关系。

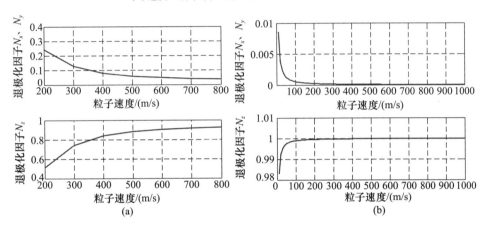

图 3.8  喷涂粒子速度与极化因子之间的关系

（a）粒子速度与极化因子的关系（以 $10\mu m$ 粒子）；（b）热喷涂粒子速度与极化因子之间的关系。

## 3.2  基于微观结构的二元涂层评估模型

热喷涂涂层具有改善结构表面性能、提高表面强度、提供特殊功能、降低关键结构损坏率的特点，是设备零件设计制造不可或缺的工艺环节。研究表明，高性能的热喷涂涂层与其微观组织结构特征关系密切。尤其是涂层中夹杂的氧化物、裂纹、孔隙等微观缺陷，会导致涂层与同成分材料之间较大的性能差异。目前，热喷涂涂层性能的评价主要依靠大量的实验与数值推算。对于实验评价，由于实验误差、实验样本以及环境因素而存在一定的局限性，有的性能评估只能依靠采用数值分析。但是，传统的数值分析大多数是建立在等效均质分布的基础上，因而数值结果与实验结果存在差异较大，其无法满足性能可靠评价。目前，准确评价热喷涂涂层性能需要有效的方法。

### 3.2.1 微观结构的有限元优化

涂层微观结构有限元优化是在涂层微观组织结构形貌图的基础上,构建不同相复合有限元模型的过程。该过程中,涂层微观结构的物理学形貌与依托的高分辨显微镜成像形成的数字图像构成映射,数字图像又与有限元单元格构成映射,不同色度值像素与涂层微观结构中各相构成映射。根据这4个有效映射,将涂层物理结构——数字图像——有限元模型形成有机统一,并在此基础上赋予不同色度像素具体的物相参数,实现二维图像的像素点阵网格有限元化。

涂层微观结构图像包含图像色度和骨架,骨架包含图像网格。网格在创建时都给出了标识名称。通常,名称必须是唯一的,即没有两个微观结构可以有相同的名称,并且在一个微观结构没有两个图像可以具有相同的名称。

绿色圆圈标记的节点和线之间的空间是单元。骨架由三角形和四边形元素组成,如图3.9(a)所示,是不重叠的完全覆盖微观结构的多边形。创建网格时,骨架节点将直接转换成网格节点,骨架操作在选定的节点集上运行,骨架节点在微观结构中通过其像素继承材料属性。如果骨架的形状是能够很好地逼近于微观结构的几何形状,则包含的所有像素的节点应该赋予相同的材料属性。骨架元素的均匀性是描述节点优化程度的量度(图3.9(b))。

同质化是通过寻找元素覆盖每类像素的面积计算。像素由不同的指定材料或属于不同的"网格"组成,主面积最大的范畴是主导范畴。均匀性定义为占主导地位区域的面积的元素作为一个整体的面积比率。完全齐次元素的均匀性为1。由 $n$ 个相等的成分组成的元素具有 $1/n$ 的均匀性。分配给元素的材料是其主要像素类别的材料。

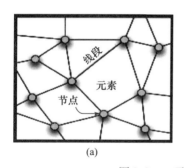
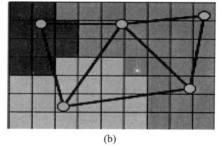

(a)                                        (b)

图3.9　二元涂层的特征模型提取

(a)骨骼的解剖骨架示意图;(b)骨架元素的均匀性同质化。

### 3.2.2 涂层微观结构特征的提取

通常二元涂层的基本物理参数通过混合物的相含量获得,有的是通过大量

82

的实验获得的,但均没有引入涂层各相随机分布问题,但是对于基体表面的涂层以及薄膜层不适应。对热喷涂涂层进行灰度优化处理,确保合理充分区分涂层各相与结构特征,形成涂层微观组织结构灰度图。涂层微观组织结构形貌灰度图转化为有限元模型。

（1）运行 OOF2,载入涂层微观组织结构形貌灰度图。

（2）涂层微观组织结构形貌灰度图按像素成组分类。设定各成分相的灰度值,采用像素选择方法对涂层微观图中的像素进行分组(灰度变化范围 $\Delta\_gray$ )。根据涂层微观组织结构形貌表征物相,确定各像素组对应的物相材料参数。

（3）确定骨架单元。设定网格单元的极限像素数( $Pix_{min}$ , $Pix_{max}$ );对微观涂层形貌微观组织结构进行离散化剖分,确定骨架节点;将骨架节点间建立连接,形成单元格。

（4）赋予分组像素单元的材料属性。利用网格骨架形态与微观组织结构几何形貌的相似度为单元赋予相应的材料属性。

（5）单元节点优化。以最大像素数形成的单元格为固定节点,以最小像素数剖分为单元格节点,根据单元格特征进行线性插值,达到主单元到实际单元的有效非线性映射,以优化单元格数。

（6）几何单元到有限元网格映射。根据映射关系,将几何单元与实际单元建立关联形成有限元网格。

### 3.2.3 复合涂层的基本等效模型

根据涂层的微观组织形貌,选择不同放大倍数下能够代表涂层典型微观组织结构特征的图像进行提取。其中,按照不同放大倍数将微观组织结构分为微观尺度模型(第Ⅰ尺度)、介观尺度模型(第Ⅱ尺度)。

（1）微观尺度有限元模型(第Ⅰ尺度模型),主要用于建立评价热喷涂涂层的基本性能参数。通常从涂层高倍组织结构形貌图中获得,选择原则是:放大倍数通常位于 2000~10000 倍,涂层高倍微观组织结构形貌中不出现孔隙,且各相能准确标定。获取的等效性能参数包括等效密度、等效弹性模量、等效泊松比、等效传热系数等热喷涂涂层表征的基本参数。

（2）介观尺度有限元模型(第Ⅱ尺度模型),主要用于含有缺陷(如孔隙、夹杂等)的涂层真实结构获取与性能评价,通常在 100~500μm 涂层组织形貌中获得,设定涂层组织形貌放大倍数为 200~1000 倍。

依托 ABAQUS 软件平台,载入第Ⅰ尺度有限元模型,同时载入各相材料物性参数,获得涂层基本等效参数。

（1）等效密度 $\rho_{eff}$ 遵循以下公式,即

$$\rho_{eff} = f_0\rho_0 + \sum_{i,k,i\ne k,i,k\leqslant N-1}\left(\left(\frac{f_i}{f_k}\right)\rho_i + \left(1-\frac{f_i}{f_k}\right)\rho_k\right) \tag{3.32}$$

式中　$i,k$——不同成分相序列；

$N$——涂层中所含有的各成分总数；

$f_i, \rho_i$——分别为对应第 $i$ 相成分的体积含量和理论密度。

（2）等效弹性模量参数 $E_{eff}$ 由式（3.33）确定

$$E_{eff} = \frac{\Delta(E_{ii,max}(S))}{\Delta(S)} \tag{3.33}$$

式中　$E_{eff}$——等效弹性模量；

$S$——设定的应力；

$E_{ii}(S)$——该应力作用下 $i$ 方向的最大应变值，其中 $i$ 分别为 $x$、$y$ 方向。

（3）等效泊松比 $\mu_{eff}$ 由式（3.34）确定，即

$$\mu_{eff} = \sum \frac{\left(\dfrac{E_{yy}(S_i)}{E_{xx}(S_i)}\right)}{N} \tag{3.34}$$

式中　$\varepsilon_{eff}$——等效弹性模量；

$E_{xx}(S_i)$；

$E_{yy}(S_i)$——$S_i$ 应力作用下 $X$ 方向、$Y$ 方向的最大应变值，$i\in N$。

进而，载入第Ⅱ尺度获得模型，输入第Ⅰ尺度模型获得的等效性能参数，载入基于微观结构建立的有限元模型，确定分析边界与约束条件，获得所需的涂层宏观性能参数 $\varepsilon_{eff}$。

## 3.3　基于 XFEM 的涂层微观裂纹扩展

研究显示，热喷涂固体自润滑涂层在服役寿命周期内产生失效的主要原因在于接触疲劳。根据 Hertz 接触理论，发生的疲劳模型主要由于在涂层近表面因交变接触载荷诱发涂层内部缺陷发展为裂纹，进而又在交变应力作用下扩展导致点蚀或浅层剥落。因而，在交变应力作用下，涂层内部微观裂纹的扩展是影响涂层服役寿命的主要因素之一。然而，要系统说明固体自润滑涂层内部微观裂纹的扩展规律需要依靠数值分析。

### 3.3.1　XFEM 的位移函数

XFEM 是在分解基础上，在常规有限元位移函数中引入表征裂纹面的阶跃函数，用于表征裂纹尖端的裂尖渐进位移函数。在有限元分析时采用最大主应

力失效准则模拟裂纹自由扩展。扩展有限元法对整体进行离散时所使用的位移场函数为

$$u(x) = \sum_{i=1}^{N} N_i(x) \left[ \sum_{j=1}^{M} \phi(x)\, \alpha_i^j \right] \qquad (3.35)$$

式中　$u(x)$——位移场函数;

　　　$N_i(x)$——单位分解函数;

　　　$\phi(x)$——改进富集函数;

　　　$\alpha$——改进节点自由度。

含有裂纹的有限元模型中,通常分为穿透单元与常规单元,其位移函数为

$$\begin{cases} u(x)_N = \displaystyle\sum_{i \in N} N_i(x)\, u_i \\ u(x)_T = \displaystyle\sum_{i \in N_t} N_i(x)\, H(x)\, \alpha_i \end{cases} \qquad (3.36)$$

式中　$u(x)_N$, $u(x)_T$——分别为常规单元与被裂纹穿透单元的位移函数;

　　　$N$——常规单元集合;

　　　$N_t$——被裂纹穿透单元集合;

　　　$u_i$, $\alpha_i$——分别为常规单元节点的连续位移与改进自由度。

为表示含裂纹单元的特征,通常引入裂纹面阶跃函数 $H(x)$,当裂纹距离当前位置最近,且与当前位置的法向量乘积不小于 0 时,阶跃函数取 1;否则为 0。

### 3.3.2　涂层裂纹模型构建

根据实际情况,强化层的厚度一般都在 0.5mm 以下,预制裂纹的长度也必须控制在很小的范围内,为了既满足方便计算和仿真,也要贴近实际,所以在本书中,模型的长、宽、高分别取 0.05mm、0.04mm、0.02mm,预制裂纹的长度为 0.015mm,对于含有裂纹的平板,仅仅需要约束住它的刚体位移,保证在平板两个断面施加应力载荷时,平板不会出现意外的刚体运动。

裂纹扩展本身是一个强烈的非连续问题,它将导致求解过程的迭代有可能出现不收敛的情况,ABAQUS 仿真过程中的载荷必须是平衡的,如果不平衡则会导致模型结果不收敛,所以在单应力状态下对模型施加 $Y$ 方向上的力,对其他两个方向就要施加边界条件使其固定,在复合应力状态下,就是对模型进行 $X$ 和 $Y$ 方向上施加载荷,$Z$ 方向进行固定,原理相同。

图 3.10 所示为设计的 WC/Co 涂层裂纹扩展模型,其中 WC/Co 涂层的厚度为 $b(0.3mm)$,钢基体为 1mm。在三维模型中,涂层采用结构化网格,网格类型为 C3D8R;在二维模型中,根据涂层的结构特征,对涂层进行自适应划分。裂纹初始长度为 15μm,分别位于距离涂层表面 0.125b、0.5b 与 0.78b(b 为涂层厚

度);根据初始裂纹特征,初始角度 $\theta$ 设置为0°、30°、45°、90°。涂层受到的应力幅值为 ±100MPa,涂层应变幅值为 ±0.02mm,应力周期分别为 $10^3 \sim 10^6$。

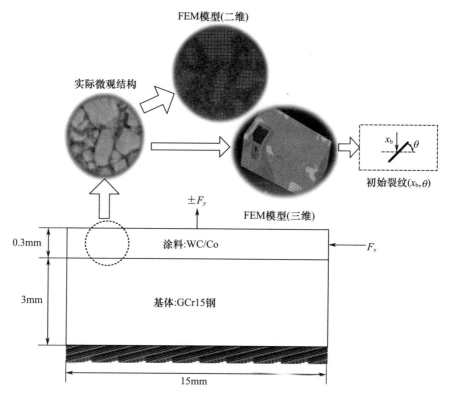

图 3.10  热喷涂 WC/Co 涂层裂纹扩展模型

### 3.3.3  不同深度时单轴应力作用下裂纹的扩展特征

WC/Co 涂层裂纹在单应力作用下的扩展过程如图 3.11 所示,初始裂纹位于 WC/Co 涂层表面位置($0.125b$)处,见图 3.11(a)。图中显示,初始状态在 WC/Co 涂层内部存在初始裂纹($15\mu m \times 15\mu m$),WC/Co 涂层间结合紧密。在 Y 方向施加 $2 \times 10^{-3}$ $\mu m$ 的应变后,裂尖在 0.38ms 产生了应力集中,见图 3.11(b),裂尖点的应力达到 111.8MPa;在 0.58ms 时,裂纹尖周围持续保持大应力状态,应力集中位置转至原始裂纹反向端,并逐步扩展至 WC/Co 涂层表面,持续作用时,裂尖应力瞬间达到 80.07MPa,见图 3.11(c);该最大应力除初始阶段出现在尖点以后,在裂尖上侧沿裂纹方向陆续出现最大应力 97.2MPa(1ms),见图 3.11(d)。这说明,在拉应力下存在于 WC/Co 涂层中的缺陷导致的初始裂纹迅速扩展,进而产生应力集中,极易引起 WC/Co 涂层的浅层剥落,属于Ⅰ型裂纹。

86

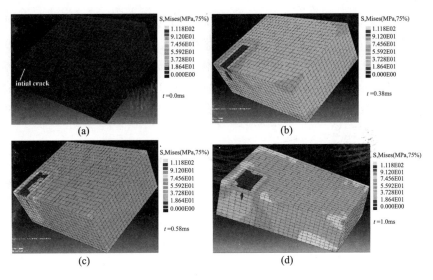

图 3.11　表面水平裂纹扩展过程的 Mises 应力分布(0.125$b$)

(a)0ms；(b)0.38ms；(c)0.38ms；(d)1.0ms。

图 3.12 所示为不同深度处涂层水平裂纹扩展能量与应力变化曲线。图 3.12(a)所示为不同深度(0.125$b$、0.5$b$、0.78$b$)处 WC/Co 涂层表面裂纹的能量随时间变化曲线,WC/Co 涂层的裂纹扩展能量均随时间增大。在 0.125$b$ 处的水平裂纹,在萌生阶段(0.6ms 以前)扩展需要的能量积累较慢,0.60ms 时能量急剧增加至 0.38×10$^{-9}$N·m。这说明位于涂层浅表面处的初始裂纹在 Hertz 应力下需要的扩展能量小,后期扩展速度快,很容易诱发涂层疲劳破坏;位于 0.5$b$ 处的能量曲线随时间增长相对平缓,但均存在能量阶跃点(约 0.43ms),裂纹扩展能量响应时间因深度不同而不同,裂纹扩展需要明显能量积累效应;当裂纹位于 WC/Co 涂层 0.78$b$ 处时,裂纹扩展时的能量响应存在阶跃,在 0.4～0.8ms 迅速升高至最大值,引发涂层深层剥落。对比 3 个深度,0.125$b$、0.78$b$ 处的初始裂纹对 WC/Co 涂层损伤破坏的影响最明显。

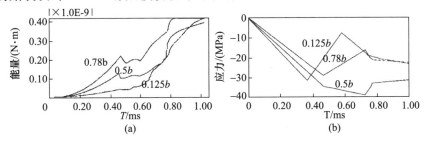

图 3.12　不同深度水平裂纹扩展的能量和应力变化曲线

(a)能量；(b)应力。

图 3.12(b)所示为在 WC/Co 涂层不同位置裂尖点应力变化曲线。图中显示,在不同深度应力随时间呈线性增加,存在最大应力点。对比 3 个位置,0.5$b$ 处所需的应力大于其他两个位置,且速度慢;0.78$b$ 处的裂纹扩展应力虽然响应速度稍慢,但裂纹扩展所需的应力变化过程与 0.125$b$ 处的应力变化相同,这说明 0.78$b$ 处裂纹与 0.125$b$ 处存在的水平裂纹均是 WC/Co 涂层应力损伤,进而导致失效的主要位置。

### 3.3.4 不同角度时单轴应力作用下的裂纹扩展特征

在接触应力作用下,0.78$b$ 处产生最大剪应力是主要诱发深层失效的主要位置,结合裂纹的特殊性,开展不同初始裂纹角度的应力分析。图 3.13 所示为初始裂纹角为 30°时 0.78$b$ 处的扩展特征。图中,在拉应力状态下,初始裂纹会首先在左端发生扩展(图 3.13(a)),而后随着应力增大裂纹右侧裂尖点开始扩展,最大应力分别达到 756.5MPa(图 3.13(a))、1056MPa(图 3.13(b))和 686.8MPa(图 3.13(c))。在裂纹扩展初期,应力不断升高,当裂纹扩展后应力会明显降低,这是由于裂纹扩展会降低 WC/Co 涂层的屈服强度,而且初始裂纹角大于 0°时,会诱导裂纹向水平方向偏转(Ⅰ型裂纹)。

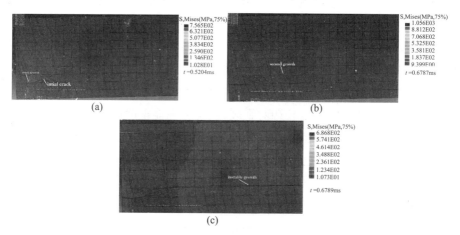

图 3.13 裂纹扩展过程的 Mises 应力分布图(初始角为 30°)

(a)$t$ = 0.5204ms;(b)$t$ = 0.6787ms;(c)$t$ = 0.6789ms。

假设裂纹扩展时在趋近Ⅰ型裂纹的扩展长度为 $q$(按单元格数量计),裂纹扩展的偏转度与水平夹角为 $\theta$,不同角度初始裂纹的偏转角如表 3.1 所列,当初始裂纹角 $\theta_0$ 位于(0° < $\theta_0$ < 45°)扩展初始阶段存在偏转并趋于 0°,且裂纹首先向 WC/Co 涂层浅表面端扩展,然后纵深扩展;裂纹初始角小于 45°时,随着角度增加,偏转角 $\theta$ 增大,$q$ 逐渐减小,裂纹扩展能力降低。

图 3.14(a)所示为 0°、30°、45°、90°时裂纹扩展能量变化曲线。其中,水平裂纹在垂直应力作用下的裂纹扩展能量平缓,增长过程中,存在能量阶跃(约 0.43ms),并在 0.8ms 处达到最大值;裂纹初始角为 30°时存在两个能量阶跃 (0.5、0.8ms),显然,涂层内部裂纹的扩展方向对应力有选择权,当裂纹的角度增大时,能量增速减缓;当裂纹角度为 45°时,裂纹扩展方向发生偏转需要的能量后期积累更快。这说明,随着初始裂纹角增大,能量积累速度趋缓,但是 45°时能量急剧增加。

表 3.1　不同初始角度下裂纹扩展变化

| 初始裂纹角度($\theta_0$)/(°) | q(单元格数) | $\theta$/(°) |
|---|---|---|
| 0 | 19 | 0 |
| 30 | 14 | 11 |
| 45 | 7 | 19 |

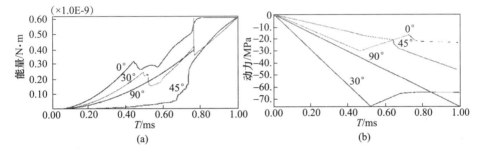

图 3.14　不同角度状态拉应力作用下的裂纹扩展能量与应力变化曲线
(a)能量;(b)应力。

由图 3.14(b)可知,裂纹角度在 0°~45°变化时,裂纹扩展时,应力均存在转折点,裂尖点角度因应力方向沿裂纹切向产生分力并逐渐积累增加,达到临界应力后裂纹开始扩展以释放应力,随着时间推移,应力又会形成新的累积。相比较,裂纹初始角为 0°和 45°时更易扩展,这是对 WC/Co 涂层的疲劳损伤影响较大的两个初始裂纹角度。

### 3.3.5　不同单轴周期应力作用下的裂纹扩展特征

由于赫兹应力作用,涂层对交变载荷的幅频响应,而使得热喷涂 WC/Co 涂层产生疲劳剥落。图 3.15 是应变幅值为 2.0μm、频率分别为 $10^3$Hz 和 $10^5$Hz 时的裂纹扩展特征。当载荷频率为 $10^3$Hz 时,当 0.7063ms 时,裂尖点的最大应力为 32.07MPa(图 3.15(a)),在 0.9987ms 之前,裂纹扩展 0.002mm 属于稳定扩展阶段,随后裂纹进入失稳扩展阶段(图 3.15(b)),裂纹在 0.0001ms 时间段扩展至 0.032mm;

图 3.15(c)、(d)所示为频率为 $10^5$ Hz 时的裂纹扩展特征,在 0.65321 ~ 0.65324ms 内扩展 0.016mm,其最大应力为 171.7.182.5MPa。这明显揭示了裂纹扩展的萌生阶段、稳定扩展阶段、失稳阶段以及 WC/Co 涂层瞬间疲劳破裂失效,见表 3.2。

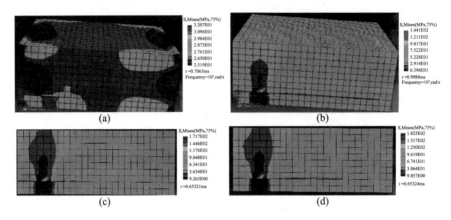

图 3.15　不同频率时的裂纹扩展特征

(a)$t = 0.7063$ms, $F = 10^3$ rad/s; (b)$t = 0.9988$ms, $F = 10^3$ rad/s;

(c)$t = 0.65321$ms, $F = 10^5$ rad/s; (d)$t = 0.65324$ms, $F = 10^5$ rad/s。

表 3.2　不同应变幅值频率下的裂纹扩展特征

| 应变幅值/μm | 频率/Hz | 时间段/ms | 裂纹扩展长度/mm |
|---|---|---|---|
| 2.0 × 10⁻³ | $10^3$ | 0.5881 ~ 0.9923 | 0.002 |
| | | 0.9923 ~ 0.9925 | 0.022 |
| | $10^6$ | 0 ~ 0.2421 | 0.038 |
| 2.0 | $10^3$ | 0.7063 ~ 0.9987 | 0.002 |
| | | 0.9987 ~ 0.9988 | 0.032 |
| | $10^4$ | 0 ~ 0.1376 | 0.038 |
| | $10^5$ | 0 ~ 0.65321 | 0.006 |
| | | 0.65321 ~ 0.65324 | 0.016 |
| | $10^6$ | 0.2518 ~ 0.2527 | 0.038 |
| 200 | $10^3$ | 0.01074 ~ 0.010819 | 0.036 |
| | $10^6$ | 0.031218 ~ 0.031221 | 0.022 |

表 3.2 所列为不同应变幅值、不同频率下的裂纹扩展特征。当应变幅值为 200μm、频率为 $10^3$ Hz 时 WC/Co 涂层在第 10.74 个周期时发生裂纹的扩展,频率 $10^6$ Hz 时 WC/Co 涂层内部在第 31221 周期发生剥落损伤;而当应变幅值为 2.0 × 10⁻³μm、频率为 $10^3$ Hz 时 WC/Co 涂层在第 992.3 个周期时发生裂纹的扩展,频率为 $10^6$ Hz 时 WC/Co 涂层内部在第 242100 周期发生剥落损伤。综合不

同应变幅值状态时裂纹扩展的特征,WC/Co 涂层的疲劳周期随着应变幅值增加而减小,当应变幅值相同时,WC/Co 涂层的疲劳周期随频率增加而增加。

# 参 考 文 献

[1] 周仲荣,雷源忠,张嗣伟. 摩擦学发展前沿[M]. 北京:科学出版社,2007.

[2] 范广能. Fe - Cu - C - WC 烧结合金摩擦磨损性能研究[J]. 机械工程材料,1998,22(4),41 - 43.

[3] 韩杰胜,王静波,张树伟,等. Fe - Mo - CaF$_2$ 高温自润滑材料的摩擦学性能研究[J]. 摩擦学学报,2003,23(4):306 - 310.

[4] 袁晓静,王汉功,侯根良,等. 热喷涂纳米 SiC/LBS 涂层吸波性能研究[J]. 中国有色金属学报,2009.

[5] Kim H,Seo M,Song J. Effect of Particle Size and Masson Nano to Micron Particle Agglomeration[J]. SICE Annual Conference in Sapporo,Hokkaido Institute of Tecnology,Japan,2004:1923 - 1926.

[6] Kai X Hu,Chao - Pin Yeh,Karl W. Wyatt,lectro - Thermo - Mechanical Responses of Conductive Adhesive Materials[J]. IEEE Transactions on components,packaging,and manufacturing technology - part A,1997,20(4):470 - 477.

[7] 肖军,张秋禹,李铁虎,等. 发射装置导轨用 MoS$_2$ 润滑防护干膜的热成膜工艺研究[J],西北工业大学学报,2004,22(3):304 - 308.

[8] Borsella E,Botti S,Cesile M C,et al. MoS$_2$ nanoparticles produced by laser induced synthesis from gaseous precursors[J]. journal of materials science letters,2001,20:187 - 191.

[9] 梁宏勋,吕晋军,刘维民,等. Y - TZP MoS$_2$ 自润滑材料的制备与研究,无机材料学报,2004,Vol. 19,No. 1,207 - 213.

[10] 徐维普,徐滨士,张伟,等. 增强相对高速电弧喷涂 Fe - Al 涂层性能的影响[J]. 上海交通大学学报,2005,39(1):36 - 40.

[11] 包丹丹,程先华. 稀土处理炭纤维填充聚四氟乙烯复合材料在干摩擦条件下的摩擦磨损性能研究[J]. 摩擦学学报,2006,26(2):136 - 140.

[12] 江礼,袁晓静,查柏林,等. 等离子喷涂纳米莫来石基复合吸波涂层性能研究[J]. 无机材料学报,2008,23(6):1272 - 1276.

[13] Lima R S,Marple B R. Nanostructured and conventional titania coatings for abrasion and slurry - erosion resistance sprayed via APS,VPS and HVOF,itsc2005,552 - 557.

[14] Ding Z,Zhang Y,Zhao H. Resistance of HVOF Nanostructured WC - 12Co Coatings to Cavitation Erosion,Thermal Spray 2007:633 - 637.

[15] 刘光华. 稀土材料与应用技术[M]. 北京:化学工业出版社,2005.

[16] Zha B L,Li - Jiang,Yuan X J. Microstructure and Tribological Performance of HVOF sprayed Nickel coated MoS$_2$ Coatings[J]. Proceedings of the 4th Asian Thermal Spray Conference,2009,22 - 24:192 - 195.

[17] Wielage B,Wank A,Pokhmurska H. Correlation of microstructure with abrasion and oscillating wear resistance of thermal spray coatings,itsc 2005,868 - 874.

[18] Nohava J,Prague C Z,Enzl R. Fractographic approach to wear mechanisms of selected thermally sprayed coatings,itsc 2005,875 - 880.

[19] 南策文. 非均匀材料物理[M]. 北京:科学出版社,2005.

# 第 4 章  WC/Co 耐磨减摩涂层 构建与性能评估

　　奥氏体 1Cr18Ni9Ti 不锈钢具有优秀的抗晶间腐蚀能力,常用于腐蚀环境中关键零部件的备选材料,但因其表面硬度低、易黏着、耐磨性较差等原因,严重影响了其在关键摩擦副的使用。利用热喷涂技术对零件表面进行强化处理被认为是非常有效的途径,目前航空航天装备关键零部件越来越多地采用热喷涂涂层进行表面防护和强化,典型的如热喷涂 WC - Co 涂层,尤其引入 Cr,形成的 WC10Co4Cr 涂层,拥有了优异的耐腐蚀性能、较高的高周疲劳性能而得到重视。

　　WC10Co4Cr 涂层的制备主要采用超音速火焰喷涂技术,但从王海军等报道的超声速等离子与 HVOF 喷涂 WC - Co 涂层的磨损性能,发现超声速等离子喷涂的 WC - Co 涂层的质量优于超声速火焰喷涂涂层之后,杜三明等通过调整等离子喷涂工艺参数,制备出性能与超声速火焰喷涂(HVOF)相近的高质量 WC 类涂层。随之,王文昌等利用等离子技术沉积了 WC - 12Co 涂层,并研究了涂层界面特征。占庆则研究等离子喷涂 WC - 12Co 涂层的脱碳机制。陈晓明等对不锈钢马氏体不锈钢(0Cr13Ni4Mo)表面进行高焓等离子喷涂微米 WC10Co4Cr 涂层,研究了在不同温度下的摩擦机制,使得等离子喷涂技术逐渐成为制备 WC10Co4Cr 涂层值得应用的工艺,如何获得更优异的性能则需要微观结构进一步研究。

　　在涂层微观结构方面,针对超声速火焰喷涂技术制备的涂层微观结构演化的研究较多。例如,Avnish kumar 等研究发现,WC10Co4Cr 涂层的磨损抵抗力与 WC 晶粒尺寸紧密相关。Taimin Gong 等研究了 HVOF 喷涂不同粒度分布的 WC10Co4Cr 涂层的微观结构和摩擦磨损行为,显示 WC 颗粒分布、涂层微观结构以及磨损率之间存在关系,并显示 $1.2\mu m$ WC 颗粒的单粒度分布涂层具有最好的耐磨性。而倪继良等研究显示超音速火焰喷涂 WC 粒度较大($0.3 \sim 0.5\mu m$)的 WC10Co4Cr 粉末制备的 WC10Co4Cr 涂层的磨屑磨损性能较好。王学政则利用真空原位还原碳化反应合成超细/纳米 WC - Co 复合粉末,通过添加 Cr 获得 WC10Co4Cr 复合粉末,进而获得优异的涂层性能。显然,在 $0.3 \sim 3\mu m$ 区域内 WC 颗粒粒度的变化对涂层的微观结构与性能起到很大的影响。

但是等离子喷涂过程中过高的温度和氧化性气氛会导致喷涂粒子熔化、WC颗粒脱碳分解程度高,出现 W2C、单质 W 和 Co6W6C 等产物,将影响涂层的硬度和耐磨性能,粒子熔化程度、脱碳程度对涂层性能如何影响则缺少深入研究。为此,需要从 WC 初始颗粒度出发,从微观结构演变角度分析其热力学过程。本章主要基于等离子喷涂 WC10Co4Cr 涂层,研究不同粒径 WC 对制备涂层微观结构演变与腐蚀摩擦学特性的影响,期望弄清涂层内部颗粒对摩擦学特性的影响规律,获得高性能耐腐蚀磨损涂层,为高性能 WC – Co(Cr) 耐磨防腐涂层的制备提供理论和技术支撑。

## 4.1　实验材料与涂层制备

### 4.1.1　粉末的选择与工艺优化

图 4.1 所示为微米和纳米 WC10Co4Cr 团聚粉末。图 4.1(a) 所示为微米团聚粉末(简称为 MWC),其中 WC 晶粒尺寸为 2.2 ~ 2.7μm,经造粒后尺寸为 15 ~ 53μm,松装密度为 4.92g/cm³;图 4.1(b) 所示为纳米团聚粉末(简称为 NWC),其中 WC 晶粒尺寸不大于 300nm,造粒后团聚粒子为 15 ~ 45μm,松装密度为 5.51g/cm³。

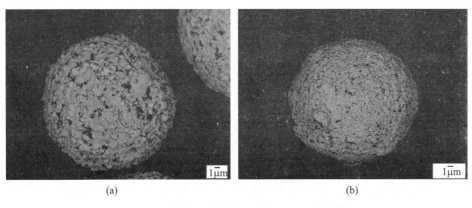

(a)　　　　　　　　　　　　　　(b)

图 4.1　不同 WC 粒度的 WC10Co4Cr 团聚粉末

(a)MWC 团聚粉末;(b)NWC 团聚粉末。

采用 Oerlikon Metco – 9M 等离子喷涂,主气为氩气,送粉为氩气,通过调整参数和喷涂时间,使得涂层厚度分布于 350 ~ 450μm,具体工艺参数见表 4.1。基体选用 φ25.4mm × 8mm 的 1Cr18Ni9Ti 不锈钢。预处理采用射吸式喷砂,喷砂磨屑为 20 目棕刚玉,喷砂角度为 90°,距离为 90mm,空气压力为 0.6 ~ 0.8MPa。

表 4.1　等离子喷涂 WC10Co4Cr 涂层的工艺参数

| 材料 | 喷涂粉末 | 氩气流量/(in³/h) | 氢气流量/(in³/h) | 电流/A | 电压/V | 送粉率/(g/min) | 喷涂距离/mm |
|---|---|---|---|---|---|---|---|
| T1-1 | 微米 WC10Co4Cr | 170 | 6.5 | 550 | 52 | 50 | 130 |
| T1-2(MWC) | 微米 WC10Co4Cr | 170 | 6.5 | 600 | 56 | 50 | 130 |
| T1-3 | 微米 WC10Co4Cr | 170 | 6.5 | 650 | 57 | 50 | 130 |
| T2-1 | 纳米 WC10Co4Cr | 130 | 6.5 | 550 | 52 | 50 | 130 |
| T2-2(NWC) | 纳米 WC10Co4Cr | 170 | 6.5 | 600 | 56 | 50 | 130 |
| T2-3 | 纳米 WC10Co4Cr | 170 | 6.5 | 650 | 57 | 50 | 130 |

### 4.1.2　微观组织结构

粉末与涂层的物相结构采用 Philips X Pert Pro M 型 X 射线衍射仪进行分析,参数为:CuKα($\lambda = 0.15406$nm),工作电压和电流分别为40kV 和20mA,衍射步长为 0.02°。采用 Nano430 和 S-3700N 扫描电镜对粉末和涂层的微观组织和形貌进行分析,利用能谱仪(EDS)探测样品选定微区的化学成分。

### 4.1.3　力学性能分析

结合强度采用拉伸法,将涂层与试样对偶件用普莱克斯固体胶片黏结,并经0.05MPa、180℃固化 3h 后,在 JDL-50KN 型万能拉力机上测量。涂层的显微硬度利用 HVS-1000 型显微硬度计测量,载荷为 300g,压载时间为 15s,获得测试值。

### 4.1.4　摩擦学特性分析

涂层的常温干摩擦实验在 MMW-1A 微机控制万能摩擦磨损实验机上进行,选择 Si₃N₄ 球摩擦副,载荷 150N,转速 200r/min,时间 30min;高温干摩擦实验在 MMU-5GL 端面摩擦磨损实验机上进行,选定 GCr15 端面摩擦副,载荷100N,转速 120r/min,时间 60min,温度 200℃。实验前后,用酒精擦拭、超声波清洗仪清洗试样,烘干后用分度值 0.0001mg 的 TG328A 型分析天平称重。两种温度下分别进行 3 次对比实验,平均值作为该温度下涂层的摩擦学参数。同时,用扫描电镜观察摩擦磨损后的磨痕特征。

### 4.1.5　电化学特性分析

涂层与基体的耐腐蚀性能采用 PAR4000 电化学综合测试系统进行电化学测试,选择 3.5% NaCl 溶液环境。测试温度为(30±1)℃,铂电极与饱和甘汞电极分别作为辅助电极和参比电极。动电位稳态极化曲线测试采用电位控制法,电位扫描速率为 1mV/s。腐蚀电流通过 Tafel 外推法求得。

## 4.2 等离子喷涂 WC10Co4Cr 涂层的微观结构

### 4.2.1 涂层的微观结构与物相组成

图 4.2 所示为等离子喷涂 WC10Co4Cr 层的典型形貌。图 4.2(a)所示为纳米 WC10Co4Cr 涂层与 1Cr18Ni9Ti 基体结合紧密,涂层内部存在孔隙。由图 4.2(b) 看出,纳米团聚的粒子在沉积过程中易形成层状结构,涂层内部存在明显的扁平粒子边界收缩特征,孔隙和裂纹主要分布于粒子扁平化层状结构之间,用着色法测定的涂层孔隙率平均为 1.42%。含微米 WC 的 WC10Co4Cr 涂层(图 4.2(c))形成的层状结构中,孔隙主要分布于 WC 颗粒与 Co 相的界面处,在沉积的扁平粒子内部存在垂直裂纹(图 4.2(d))。经检测,涂层的孔隙率平均为 2.42%。

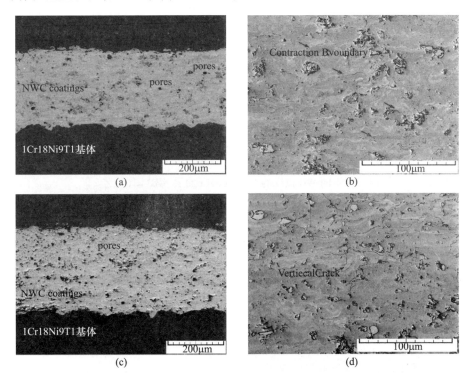

图 4.2 不同 WC 粒度的 WC10Co4Cr 微观结构
(a)、(b)NWC 涂层;(c)、(d)MWC 涂层。

图 4.3 所示为不同粒径尺寸的 WC10Co4Cr 粉末与涂层的 XRD 谱图。图中 WC10Co4Cr 喷涂粉末组成主要为 Co 相和 WC 相,粒径差异表现为衍射峰半高

宽随粒度减小而宽化。而等离子技术沉积的两种粒径 WC – 10Co – 4Cr 涂层 XRD 图谱主要由 WC、$W_2C$、W 和 η 相（Co6W6C）以及 CoCr（W,C）相组成，其中 $W_2C$ 和 W 的衍射峰较强。这说明 WC 在喷涂过程中氧化脱碳生成了 $W_2C$，且 WC 粒度越小，C 向 Co 相内的扩散速度越快，与 Co 相中的 O 反应加快，加剧了 WC 的氧化脱碳反应。而 Co、Cr 与碳化物反应生成了 η 相，也显示出 Co6W6C 和 W 的生成会伴随 WC 颗粒明显过热，产生的 CO 和 $CO_2$ 逸出后会在涂层中留下气孔（图 4.2（c）、（d）），进而影响耐磨性能。存在 CoCr（W,C）相的衍射峰，表明在喷涂过程中 Co、Cr 在高温下和 W、C 元素固溶，形成了 W – C – Co – Cr 的 γ 相固溶体。同时，XRD 图谱中还不同程度地存在 $W_2$（C,O）。

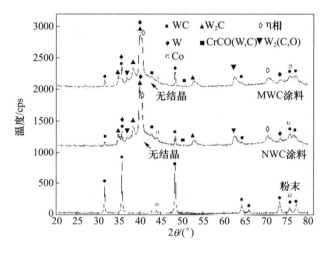

图 4.3　不同 WC 粒度的 WC10Co4Cr 涂层 XRD 图（工艺 2）

涂层 XRD 图谱的 $2\theta$ 在 37° ~45°存在明显的宽漫散射峰，表明涂层中存在非晶相，有学者观察到 $W_2C$ 相分布在 WC 颗粒周围，因此 $W_2C$ 相存在于含有 Co、Cr、W 和 C 的混合相中。这是由于高温熔融态粉末沉积时冷却速度太高（达 $10^7 K/s$），导致形成了以 γ 相为主的 W – C – Co – Cr 非晶态物质。显然，不论纳米还是微米尺寸的粉体形成的涂层受到大温变热影响，均与等离子喷涂参数的选定关系密切。

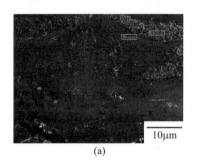

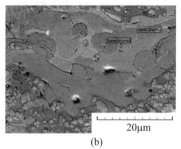

(a)　　　　　　　　　　　　　(b)

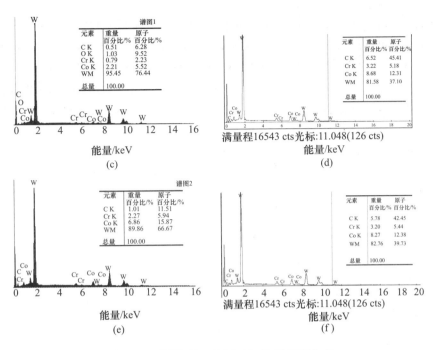

图 4.4　不同粒度 WC10Co4Cr 涂层能谱分布
(a)、(c)、(d)NWC 涂层；(b)、(e)、(f)MWC 涂层。

## 4.2.2　等离子喷涂 WC10Co4Cr 涂层的微观结构演变

普遍认为,等离子焰流温度高使得原始 WC10Co4Cr 粉末几乎全部熔化,而涂层的微观结构显示仍然存在 WC 颗粒,显然,其含量以及熔化程度与原始颗粒有关(图4.2(c)、(d))。研究表明,熔滴的扁平时间比凝固时间小一个数量级,呈先扁平化后凝固的趋势。扁平粒子结构中已熔化部分与未熔化部分在涂层中表现程度是不同的。

由此可见,受到等离子喷涂大温变的影响制备的 WC10Co4Cr 涂层微观结构必然不同,为此需要深入分析 WC10Co4Cr 涂层的微观结构演变特征。等离子喷涂不同粒度 WC10Co4Cr 涂层的微观结构如图4.4(a)、(b)所示,不同 WC 粒径制备涂层的微观结构不同,微米 WC10Co4Cr 涂层存在裂纹,纳米涂层存在明显的扁平粒子界面。由于涂层形成时,其中的 W、Co/Cr 含量不会损失,W/(Co,Cr)原子比可以反映 WC、(Co,Cr)组成各相的分布特征。图4.4(c)显示,纳米 WC 构成的 WC10Co4Cr 涂层谱图1区域中 W/(Co,Cr)原子比为9.863;微米 WC10Co4Cr 涂层(图4.4(f))中谱图2区域中 W/(Co,Cr)原子比为3.056,相比较,纳米团聚粉末的融入 CoCr 基体中更彻底,这使得微观结构必然表现不同的结构特征。

其次结合涂层微观结构的面能谱发现,W/C 原子比存在不同比值(图 4.4(d)、(f))。其中纳米 WC 颗粒形成的涂层微观结构中 W/C 原子比约为0.847,而微米形成的涂层中 W/C 为 0.9359,小于原始颗粒 W/C 的比值。这说明,在大温变过程中液相中的 W/C 比例对 γ 相与 η 相的存在有重要的影响。已有研究表明,当比值很低时,会析出面心立方 CoCr 基固溶体,当液相中的W/C 的比例很高时,析出 $W_2C$,η 相甚至金属 W,而 η 相只有在足够的 WC 颗粒进入 CoCr 基体时才会形成,而 γ 相固溶体以孤岛形式不均匀分布在 CoCr基体内。结合 W - C - Co 三元合金等温界面图,W/C 原子比高于 1 的液相区是很容易析出 η 相,其晶胚将沿着 WC - γ 相界并以 WC 颗粒的表面为异质形核核心。

因此,需要从涂层构建的角度进一步分析 γ 相固溶体与 η 相的存在特征。通常认为,扁平粒子演变是涂层结构特征的根源。图 4.5(a)、(b)所示为不同粒度涂层中扁平颗粒特征。其中,不同粒度显示了粒子扁平化过程中凝固时的微观结构特征,如纳米涂层 WC 颗粒与 CoCr 合金相存在融合区(图 4.5(a)),而微米涂层中 WC 颗粒与 Co 颗粒存在明显的边界区(图 4.5(b)),二者均在局部存在明显的结晶颗粒。

对此,需研究扁平粒子的边界区域以获得粒子的演变特征。图 4.5(c)显示的纳米涂层扁平颗粒中,WC 颗粒周围壳状的包覆层,根据 XRD 推断其为脱碳生成的 $W_2C$,由于位于扁平粒子内部,显然是在冷却过程中析出的。在扁平粒子边界的过渡区内,结合图 4.3 与图 4.4(d)可推断,该区域出现了 CoCr(W,C)非晶固溶体。

在微米涂层中(图 4.5(d)),由于过热应力,C 元素不断被氧化烧损或扩散,W 元素在靠近 WC 颗粒界面处升高,当该液相区域的 W/C 接近 2:1 时,析出$W_2C$,而 WC 颗粒与液相的界面处提供了良好的形核位置,析出的 $W_2C$ 沿 WC颗粒表面外延生长呈现出 $W_2C$ 包覆 WC 的结构。在 Co/Cr 区形成的应该为 γ相,尺寸为 10~20nm 的棒状 γ 相嵌入黏合剂 Co 中,而 η 相呈枝状晶,并且与WC 晶粒清楚地分离。

显然,微米团聚粒子在高温作用下,WC 颗粒局部产生熔化与 Co 产生固溶,在扁平粒子界面处出现 $W_2C$、η 相结晶界面,随着温度下降,从贫 C 液相中析出,在扁平粒子边界的富 CoCr 区域析出 η 相,形成沿着 WC 颗粒的界面外延生长为包覆结构。纳米 WC 团聚粒子由于在高温作用下 WC 与 CoCr 更容易发生非晶固溶体,沉积过程析出界面不明显(图 4.5(e)),这说明,纳米涂层沉积时,扁平粒子表面以脱碳反应产生 $W_2C$ 为主,扁平粒子内部的纳米 WC 首先与 CoCr结晶固溶,并在 WC - CoCr 界面产生 CoCr(W,C)固溶体(γ 相)。

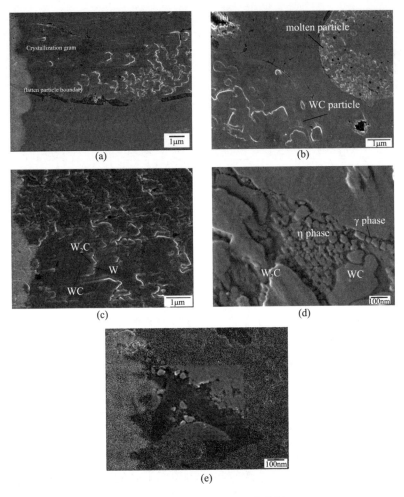

图 4.5　扁平粒子微观形貌特征

（a）、（c）、（e）NWC 涂层；（b）、（d）MWC 涂层。

### 4.2.3　耐磨减摩涂层的孔隙率

结合耐磨减摩涂层的微观组织结构图可知,耐磨减摩涂层孔隙的分布大致分为 3 类:一类是一些颗粒未被熔化而被后续培化颗粒包围;另一类是在耐磨减摩涂层界面的不规则孔隙,这类孔隙是后续熔融颗粒打到上一耐磨减摩涂层上时,相邻层间粒子体积收缩和变形扁平粒子的不完全重叠导致的液相 Co 未完全包裹 WC 颗粒,因而,孔隙常在 WC 颗粒界面处形成;还有一类是有些地方孔隙聚集在某一地方,这类孔隙产生的原因是等离子气体和被卷吸进的空气而未排放出来所致。利用孔隙着色法测定的耐磨减摩涂层孔隙率结果如表 4.2 所列。

表 4.2　耐磨减摩涂层孔隙率

| 耐磨减摩涂层 | 视场/% | | | | | 平均值/% |
|---|---|---|---|---|---|---|
| | 1 | 2 | 3 | 4 | 5 | |
| T1 – 1 | 3.3 | 4.1 | 1.0' | 6.1 | 3.9 | 3.68 |
| T1 – 2 | 2.0 | 2.3 | 2.9 | 1.9 | 3.0 | 2.42 |
| T1 – 3 | 2.9 | 2.1 | 1.8 | 3.1 | 3.4 | 2.66 |
| T2 – 1 | 1.2 | 1.3 | 2.2 | 3.0 | 1.3 | 1.8 |
| T2 – 2 | 1.3 | 1.1 | 1.6 | 1.4 | 1.7 | 1.42 |
| T2 – 3 | 1.8 | 2.0 | 2.3 | 2.4 | 2.9 | 2.28 |

### 4.2.4　耐磨减摩涂层显微硬度

WC 相起着提高耐磨减摩涂层硬度和耐磨性的作用。喷涂过程中 WC 颗粒损失越少,耐磨减摩涂层中 WC 相含量越多,则耐磨减摩涂层的硬度和耐磨性能也就越好。由于耐磨减摩涂层主要是由硬质的 WC 颗粒和较软的 Co 基体两相构成,硬度值跟压痕选取的位置有关。为了提高实验数据的准确性,每个耐磨减摩涂层选用最接近的 10 个数再取平均作为最终的显微硬度值,所得结果如表 4.3 所列。

耐磨减摩涂层的显微硬度明显高于基体,使用 WC10Co4Cr 耐磨减摩涂层强化基体表面会有很好的收益,纳米耐磨减摩涂层的硬度普遍高于微米耐磨减摩涂层,这是与其孔隙率低,耐磨减摩涂层致密有关。耐磨减摩涂层的显微硬度主要取决于耐磨减摩涂层致密度、WC 颗粒的大小与分布以及氧化脱碳 3 个因素。T2 – 1 耐磨减摩涂层孔隙率适中,一定程度地避免了测量压头压入孔隙而使压痕增大的现象,结合其纳米尺寸效应和喷涂功率不高的影响避免了 WC 的氧化脱碳,因此其显微硬度最高。孔隙率较高的 T1 – 1 和 T1 – 3 耐磨减摩涂层的显微硬度均较低,耐磨减摩涂层的显微硬度及脆性增加。

表 4.3　耐磨减摩涂层显微硬度

| 耐磨减摩涂层 | 测量点/$HV_{0.3}$ | | | | | | | | | | 均值/$HV_{0.3}$ |
|---|---|---|---|---|---|---|---|---|---|---|---|
| | 1 | 2 | 3 | 4 | 5 | 6 | 7 | 8 | 9 | 10 | |
| T1 – 1 | 1104 | 1055 | 1098 | 1173 | 1265 | 976 | 982 | 988 | 1005 | 1135 | 1078.1 |
| T1 – 2 | 1355 | 1140 | 1034 | 1277 | 1152 | 1195 | 1195 | 1173 | 1162 | 1140 | 1282.7 |
| T1 – 3 | 1193 | 1124 | 1163 | 1257 | 1790 | 1095 | 1458 | 1338 | 1269 | 1140 | 1182.3 |
| T2 – 1 | 1198 | 1201 | 1214 | 1354 | 1368 | 1245 | 1485 | 1346 | 1398 | 1146 | 1389.0 |
| T2 – 2 | 1334 | 1278 | 1256 | 1316 | 1253 | 1279 | 1198 | 1465 | 1371 | 1265 | 1295.5 |
| T2 – 3 | 1283 | 1298 | 1301 | 1413 | 1399 | 1460 | 1588 | 1440 | 1400 | 1310 | 1301.5 |

涂层的显微硬度主要取决于涂层致密度、WC颗粒的大小与分布以及氧化脱碳等因素。实验获得的不同WC粒度的等离子喷涂WC10Co4Cr涂层的显微硬度,两种粒度涂层的显微硬度明显高于1Cr18Ni9Ti不锈钢基体,纳米WC10Co4Cr涂层的硬度高于微米涂层,这不但与孔隙率有关,而且涂层中的$W_2C$起着提高涂层硬度的作用。当然,显微硬度越高,涂层耐磨性能也越好。而孔隙率大的微米WC10Co4Cr涂层显微硬度均较低。

### 4.2.5 耐磨减摩涂层的结合强度

#### 1. 结合强度实验

热喷涂耐磨减摩涂层与基体的结合机理主要是机械结合,这种机械结合主要是通过熔融和半熔融粒子与较粗糙基体表面的相互咬合作用来实现的。每组耐磨减摩涂层都采用3组平行试样取平均值。实验结果如图4.6所示。纳米耐磨减摩涂层的3个试样,计算结合强度都为50~60MPa,而且每组多个试样的偏差比较小,说明纳米耐磨减摩涂层的性能比较稳定;而微米耐磨减摩涂层的3个试样最高为48.8MPa,最低为38.2MPa,不但低于纳米耐磨减摩涂层试样的测量值且差异大,这显示纳米WC10Co4Cr固体减摩耐磨涂层显示出更优异的结合质量。

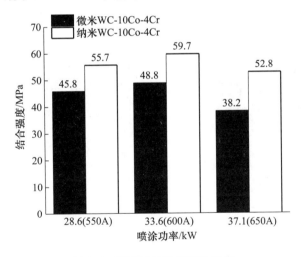

图4.6 耐磨减摩涂层结合强度

#### 2. 端面特征分析

图4.7所示为不同粒径WC颗粒的WC10Co4Cr涂层的拉伸断口。显然,涂层大部分断裂于涂层与基体的界面,伴有局部与胶体界面的断裂。这说明在拉伸作用下,涂层断裂的裂纹贯穿了涂层整个界面,如图4.8(a)、(b)所示。两种WC

101

粒径颗粒的 WC10Co4Cr 涂层断裂过程中,均出现了从扁平化粒子界面扩展的特征,不同的是微米 WC 颗粒的扁平化颗粒界面出现裂纹扩展的特征更为明显。

图 4.7　涂层断口照片

相比之下,纳米颗粒的裂纹扩展特征较小,其原因在于纳米粉末熔化铺展性好,沟槽与扁平化熔滴之间的搭接也更充分,能够更好地填充喷砂形成的锯齿,使得纳米耐磨减摩涂层致密度高,比微米耐磨减摩涂层含有更少的气孔、裂纹等缺陷,因此具有更高的结合强度。当喷涂功率达到 37.1kW(650A)时,纳米和微米耐磨减摩涂层的结合强度均有所下降,结合图物相分析可知,WC 氧化脱碳加剧,导致其耐磨减摩涂层中脆性相 $W_2C$ 的含量增多,影响了耐磨减摩涂层的结合强度。所以,在保证喷涂粉末充分熔化的情况下,喷涂功率一定要控制在合理的范围内,避免因 WC 的氧化脱碳带来的耐磨减摩涂层质量下降。

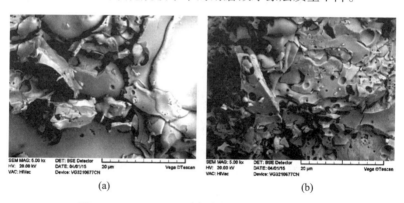

图 4.8　WC10Co4Cr 耐磨减摩涂层断面显微形貌

(a)微米 WC10Co4Cr；(b)纳米 WC10Co4Cr。

## 4.3　涂层的耐腐蚀性能

针对 1Cr18Ni9Ti 摩擦副耐腐蚀的问题,选择盐溶液和酸溶液环境研究 WC10Co4Cr 涂层的耐腐蚀性能,探索不同粒径涂层的腐蚀行为、特性的关系,为获得优异性能的涂层提供技术支撑。

### 4.3.1 涂层耐腐蚀性能测试

#### 1. 极化曲线法分析

极化曲线是研究修复层电化学腐蚀防护经典的方法。在探讨修复层腐蚀机制、测定腐蚀速度、判断材料的耐蚀性能以及评定最佳材料等方面都有极为广泛的应用。动电位极化曲线是指控制电极电位,使其依次恒定在不同的电位下,测量相应的稳态电流密度,将一系列不同电位下获得的电流密度在对数坐标系上作图绘成曲线,这就是极化曲线。当外加极化较强时,电极处于强极化区,极化电位与电流密度的对数呈线性关系,即称为塔菲尔(Tafel)关系。从 Tafel 区呈线性关系的阴级曲线和阳极曲线作切线所得的交点对应的横坐标是自腐蚀电流 $I_{corr}$,纵坐标即自腐蚀电位 $E_{corr}$,$I_{corr}$ 和 $E_{corr}$ 是在没有外加极化时达到稳定腐蚀状态时的电流密度和电位。从热力学状态判断,$E_{corr}$ 越负,金属的腐蚀倾向越大;$E_{corr}$ 越正,金属的腐蚀倾向越小,但腐蚀倾向大小并不能衡量腐蚀速度的快慢。自腐蚀电流密度则可以反映电极腐蚀速度的大小,因为自腐蚀电流密度与腐蚀速度成正比。在电化学腐蚀测量中,得出的代表腐蚀率的数据一般是腐蚀电流密度。极化曲线还可以测定从活性区向纯化区转变的钝化电位、钝化区间范围以及金属表面钝化膜破裂的电位。

电化学实验采用 PAR4000 电化学综合测试系统测试不锈钢基体和修复层的极化曲线。采用传统的三电极体系,饱和甘汞电极(SCE)为参比电极,铂电极为辅助电极。动电位稳态极化曲线测试采用电位控制法,电位扫描速率为 1mV/s。腐蚀电流通过系统自带软件进行 Tafel 外推法求得。交流阻抗测试频率范围为 100kHz ~ 10MHz,激励信号为幅值 ±10mV 的交流正弦波,在自腐蚀电位下测试。

模拟海水环境腐蚀介质选择 3.5wt.% NaCl 水溶液,这是多数研究材料(修复层)腐蚀实验常选择的腐蚀介质。模拟酸雨介质选择的是广州地区的模拟酸雨溶液。温度控制在(30 ±1)℃和(50 ±1)℃,以近室温和南方极限高温条件进行研究。

采用标准三电极系统,参比电极为饱和甘汞电极(SCE),辅助电极为铂电极,以待测试样为工作电极,控制工作表面为 1cm²,非工作表面用环氧树脂密封。测试前样品在溶液中浸泡 30min,电位扫描范围为 −0.2 ~ 0.1V,扫描速率为 0.5mV/s。

#### 2. 交流阻抗测试

测试交流阻抗时先测量开路电位,待开路电位稳定后,在开路电位 −0.5 ~

0.8V 下分别测试试样的阴极、开路和阳极状态下的交流阻抗。每个试样的交流阻抗测试时间为 120min。选用图 4.9 所示的等效电路图对涂层不同处理条件下在 30℃ NaCl 溶液中的 EIS 图谱进行拟合。

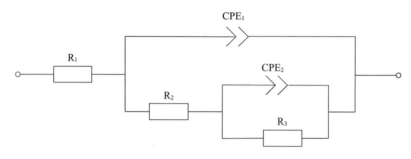

图 4.9 交流阻抗等效原理

## 4.3.2 NWC 和 MWC 涂层在 NaCl 溶液中的电化学特性

图 4.10 所示为不同 WC 颗粒的 WC10Co4Cr 涂层在常温(30℃)下 3.5% NaCl 溶液中的极化曲线。图 4.10(a)显示基材在 3.5% NaCl 溶液中孔蚀明显;微米 WC 颗粒的 WC10Co4Cr 涂层在 3.5% NaCl 溶液中为阳极性涂层,且电化学活性大,在腐蚀性介质中将优先溶解。图 4.10(a)所示为 30℃ 时 3.5% NaCl 溶液极化曲线,其中采用等离子喷涂工艺制备的 NWC 和 MWC 涂层在盐环境下的稳定电位分别为 −265mV 和 −295mV。图 4.10(b)所示为 50℃ 时的极化曲线,NWC 和 MWC 涂层的稳定电位分别降为 −391mV 和 −349mV,1Cr18Ni9Ti 基体的腐蚀电位提升到 −534mV。

结合表 4.4 发现,在常温时,不同 WC 颗粒的 WC10Co4Cr 涂层的腐蚀速率和腐蚀电流密度由大到小依次为基体、MWC、NWC,其中 NWC 涂层在常温环境下的腐蚀电流密度最小为 $0.51 \times 10^{-6}$ A/cm²。而当溶液温度提高到 50℃ 后,1Cr18Ni9Ti 基体的腐蚀电位提升,而 NWC 和 MWC 涂层的腐蚀电位明显下降,腐蚀电流密度分别增加至 $4.23 \times 10^{-6}$ A/cm² 和 $3.55 \times 10^{-6}$ A/cm²。当温度升高时不锈钢基材的腐蚀电位会随温度有所提升,与温度升高钝化膜增加有关;而 NWC 和 MWC 涂层的自腐蚀电位会下降,腐蚀速率相对增加,但均小于 1Cr18Ni9Ti 基体的腐蚀速率。对比发现,涂层与基体因温度升高引发的腐蚀速率加快,这与温度升高加速造成腐蚀成分动能,促进电偶腐蚀的形成相关。

由于电极电位受环境反应的影响不能预测动力学过程,需要采用涂层 EIS 图谱分析涂层的电化学特性。图 4.10(c)、(d)所示为不同 WC 颗粒的 WC10Co4Cr 涂层 EIS 阻抗谱图,在常温时,NWC 涂层的 EIS 图谱呈现抗弧特征(图 4.10(c)),抗弧半径由小至大依次为 1Cr18Ni9Ti 基体、MWC 涂层、NWC 涂层。当温度升高至50℃后，MWC涂层在电极过程中发生因致密性高而导致液相传质过程困难的 Warburg 阻抗特征（图 4.10（d）），且表现出了较好的耐腐蚀性能。

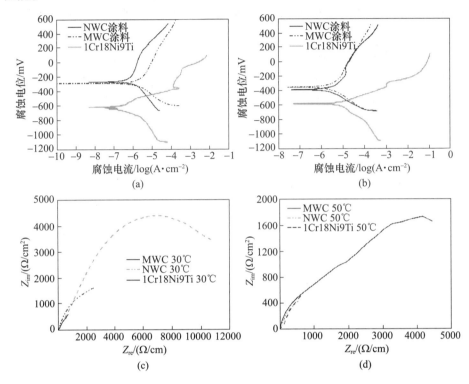

图 4.10　NWC 和 MWC 涂层 3.5% NaCl 溶液极化曲线与 EIS 阻抗谱图
（a）30℃极化曲线；（b）50℃极化曲线；（c）30℃ EIS 阻抗；（d）50℃ EIS 阻抗。

表 4.4　不同 WC 颗粒的 WC10Co4Cr 涂层在盐溶液中极化值

| 样品 | 溶液类型及温度 | 腐蚀电位 $E_{corr}$/V | 腐蚀电流密度 $I_{corr}$/($10^{-6}$A/cm$^2$) |
|---|---|---|---|
| 1Cr18Ni9Ti | 3.5% NaCl 30℃ | −0.617 | 8.70 |
| MWC | | −0.290 | 2.22 |
| NWC | | −0.265 | 0.51 |
| 1Cr18Ni9Ti | 3.5% NaCl 50℃ | −0.534 | 4.3 |
| MWC | | −0.349 | 3.55 |
| NWC | | −0.391 | 4.23 |

### 4.3.3　NWC 和 MWC 涂层在酸溶液中的电化学特性

图 4.11 所示为 NWC 和 MWC 涂层在不同温度酸溶液中的极化曲线。图

中,1Cr18Ni9Ti 不锈钢基材和涂层阳极钝化特征均不明显。可以看出,随着温度升高 1Cr18Ni9Ti 基体的极化曲线呈现出孔蚀特征(图 4.11(b))。常温时 1Cr18Ni9Ti 基体、MWC 涂层、NWC 涂层的平衡电位分别为 -502mV、-179mV 和 -103mV;当温度升高至 50℃后,其腐蚀平衡电位达到 -548mV、-102mV 和 -154mV。说明当温度升高时,NWC 涂层的腐蚀电位降低,涂层耐蚀能力下降,但涂层的耐蚀能力均强于 1Cr18Ni9Ti 基体。而且在酸溶液环境下涂层自腐蚀电位差异很小,这与酸溶液的电导率有限有关(134 μs/cm,远低于 NaCl 溶液中的电导率),溶液电位下降的影响使得阳极极化率的差别较小。

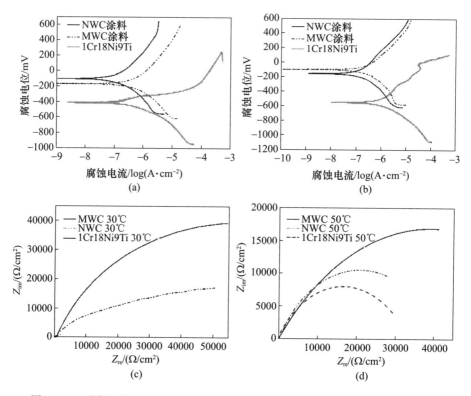

图 4.11 不同温度下 NWC 和 MWC 涂层在酸溶液中的极化曲线与 EIS 阻抗谱图
(a)30℃极化曲线;(b)50℃极化曲线;(c)30℃ EIS 阻抗;(d)50℃ EIS 阻抗。

为研究涂层在酸溶液的耐腐蚀性能,表 4.5 给出了不同 WC 颗粒的 WC10Co4Cr 涂层在酸溶液(pH =5)中的极化值,在 30℃时,1Cr1Ni9Ti 基体、MWC 涂层及 NWC 涂层的腐蚀电流密度分别为 $2.1 \times 10^{-6} A/cm^2$、$1.14 \times 10^{-6} A/cm^2$ 和 $0.23 \times 10^{-6} A/cm^2$;在 50℃时的腐蚀电流密度分别为 $1.5 \times 10^{-6} A/cm^2$、$0.26 \times 10^{-6} A/cm^2$ 和 $0.20 \times 10^{-6} A/cm^2$。对比发现,温度升至 50℃时 NWC 涂层的腐蚀速率保持稳定且小于 1Cr18Ni9Ti 基体。

表 4.5　不同 WC 颗粒的 WC10Co4Cr 涂层在酸溶液中极化值(pH = 5)

| 样品 | 溶液类型及温度 | 腐蚀电位 $E_{corr}$/V | 腐蚀电流密度 $I_{corr}$/($10^{-6}$A/cm²) |
|---|---|---|---|
| 1Cr1Ni9Ti | pH = 5 酸溶液 30℃ | − 0.502 | 2.1 |
| MWC | | − 0.179 | 1.14 |
| NWC | | − 0.103 | 0.23 |
| 1Cr1Ni9Ti | pH = 5 酸溶液 50℃ | − 0.548 | 1.50 |
| MWC | | − 0.102 | 0.26 |
| NWC | | − 0.154 | 0.20 |

综上发现,pH = 5 酸溶液中 MWC 和 NWC 涂层的腐蚀速率较小。NWC 涂层和 MWC 涂层以及 1Cr18Ni9Ti 基体在酸溶液中的抗蚀性能均优于其在 NaCl 溶液中的性能,这与阴离子和电导率介质的酸溶液环境对涂层的化学稳定性要求不同相关(图 4.11)。图中,NWC、MWC 涂层以及 1Cr18Ni9Ti 基体的 EIS 图谱均呈现出抗弧特征,在常温时 NWC 涂层弧半径小于 MWC 涂层,均大于 1Cr18Ni9Ti 基体的抗弧半径(图 4.11(c))。在 50℃酸溶液中 1Cr18Ni9Ti 不锈钢基材出现有限的钝化行为特征(图 4.11(d)),说明升高温度对不锈钢钝化具有促进作用,但对于 WC10Co4Cr 陶瓷涂层,即使温度升高,钝化稳定性也难以保持,这就需要从涂层的微观机制进行研究。

### 4.3.4　NWC 和 MWC 涂层在 NaCl 溶液中的腐蚀行为

NWC 和 MWC 涂层在不同温度 3.5wt% NaCl 溶液腐蚀后的形貌如图 4.12 所示。可以看出,涂层表面均发生了腐蚀,局部区域硬质颗粒裸露出来,但由于涂层致密度高,垂直裂纹少,涂层的腐蚀电位高,在腐蚀实验时间内腐蚀介质未能到达涂层 – 基体界面。但是对比不同温度状态涂层腐蚀形貌可以发现,MWC 涂层中的腐蚀孔呈增加趋势(图 4.12(a)、(b)),这是由于溶液中的 Cl⁻ 优先选

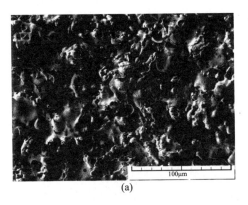

(a)

(b)

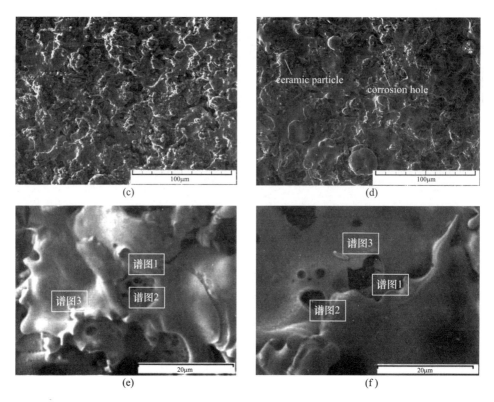

图 4.12 不同温度时 MWC 和 NWC 涂层在 3.5wt% NaCl 溶液中的腐蚀形貌
(a)、(e)MWC 涂层 30℃; (b)、(f)MWC 涂层 50℃;
(c)NWC 涂层 30℃; (d)NWC 涂层 50℃。

择性地吸附在钝化膜上,将钝化膜中的氧原子挤掉并和金属阳离子结合,生成可溶性氯化物,产生点蚀孔(图 4.12(e))。而 NWC 涂层在常温 3.5wt% NaCl 溶液中(图 4.12(c))腐蚀后,腐蚀孔发生在金属区域,涂层表面出现疏松结构。当温度升高后,涂层表面的腐蚀现象主要发生在扁平粒子边界(图 4.12(d)),涂层表面的腐蚀中 Co 相溶解到一定程度时,WC 陶瓷颗粒孤立于涂层表面,以致脱落而形成涂层表面的全面腐蚀。

图 4.12(e)、(f)所示为 MWC 涂层在不同温度的能谱,元素分布如表 4.6 所列。在腐蚀后的涂层表面未发现 Fe、Ni、Ti 等与基体相关元素,说明实验时产生的腐蚀尚未到达涂层 − 基体界面,但 O 含量在 30℃ 时为 23.65at.% ∼ 30.31at.%;而且常温腐蚀的谱图中 Co:Cr(2.51)区的 $O^{2-}$ 浓度最高,腐蚀后各区域中 Co:Cr 原子比为 0.56 ∼ 2.51。这说明在 $Cl^-$ 作用下涂层聚集形成富 $Cl^-$ 区,该区域的 $Co^{2+}$ 离子被消耗而形成富 Cr 区。在涂层的贫 W 区域聚集了 $O^{2-}$ 离子,形成腐蚀电偶,具有极强穿透力的 $Cl^-$ 通过涂层缺陷处(涂层亚表层组织

108

层中裂纹、气孔)渗入涂层内部,造成表面 $Cl^-$ 浓度低于 $Na^+$ 浓度。当温度升至 50℃时,涂层中 O 含量仅为 3.53at. % ~7.26at. %,涂层表面吸附 O 原子的浓度下降,涂层中不含 O 区域的 W:C 约为 2.04,Co:Cr 约为 1.14。在含 O 离子区域中,Co:Cr = 1.12 ~ 1.17,W:C 仅为 0.24 ~ 0.37。

表 4.6　不同温度 MWC 涂层盐溶液腐蚀后元素含量

| 元素 | 30℃ | | | 50℃ | | |
|---|---|---|---|---|---|---|
| | 谱图 1 /at. % | 谱图 2 /at. % | 谱图 3 /at. % | 谱图 1 /at. % | 谱图 2 /at. % | 谱图 3 /at. % |
| C K | 45.14 | 27.11 | 44.31 | 55.91 | 66.14 | 22.98 |
| O K | 30.31 | 23.65 | | 7.26 | 3.53 | |
| Na K | 2.05 | 2.89 | | | 1.09 | |
| Cl K | 1.57 | 3.35 | | | | |
| Cr K | 4.45 | 11.84 | 7.23 | 7.59 | 6.12 | 14.01 |
| Co K | 11.17 | 6.73 | 12.91 | 8.57 | 7.18 | 16.02 |
| W M | 5.30 | 24.43 | 35.55 | 20.67 | 15.95 | 46.98 |

由此可知,在盐溶液中 WC10Co4Cr 涂层表面吸附氧原子,与腐蚀介质接触发生电化学腐蚀,且 Co 和 WC 间存在电位差而形成电偶,由于 Co 腐蚀电位较低被优先腐蚀。随着腐蚀进行,在 WC 颗粒界面处的闭塞蚀孔内,$Co^{2+}$ 浓度不断增加,$Cl^-$ 不断迁入凹坑,导致 $Cl^-$ 富集,而腐蚀加剧,蚀孔增大。当温度升高时,涂层表面吸附 O 浓度下降,诱发贫 W 区域内发生腐蚀的能力电荷减少。涂层中的孔隙、裂纹和层状结构特征,使得涂层的腐蚀始于表面的孔隙、裂缝等缺陷处,且沿着颗粒间的界面或层状组织明显的薄弱区域长大。相比较,MWC 涂层易发生"短路效应",更易形成更大尺寸的孔洞,促进腐蚀介质向涂层内部渗透;而 NWC 涂层由于 WC 颗粒间的距离减小,Co 相分布更均匀,降低了 Co 相的腐蚀速率,涂层的耐腐蚀性能得到提高。

### 4.3.5　NWC 和 MWC 涂层在酸溶液中的腐蚀行为

图 4.13 所示为等离子沉积的 MWC 和 NWC 涂层在不同温度的 pH = 5 酸溶液中腐蚀后的涂层形貌。图 4.13(a)、(b)所示为 MWC 涂层在不同温度下的腐蚀形貌,涂层表面的金属黏结相(Co、Cr)发生了严重腐蚀,涂层表面存在孤立的 WC 颗粒与腐蚀凹坑(WC 颗粒发生脱落形成);随着温度升高,涂层表面金属黏结相的腐蚀更加严重,涂层表面的腐蚀坑会增加,凹坑尺寸增大。在相同环境下,NWC 涂层的腐蚀形貌(图 4.13(c)、(d))显示,涂层表面的腐蚀更多发生于粒子边界的金属相,产生的腐蚀孔随着温度的升高更为明显。

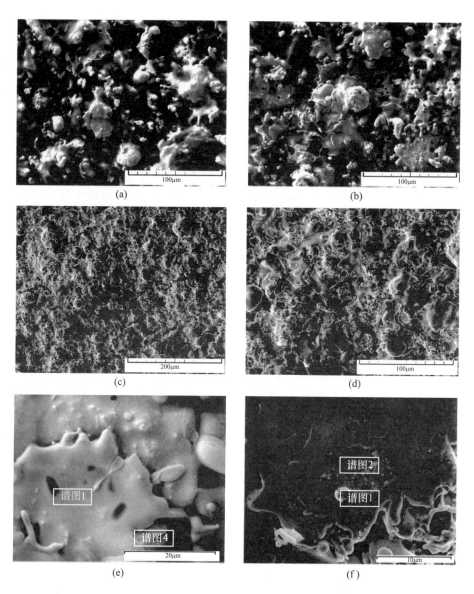

(a)

(b)

(c)

(d)

(e)

(f)

图 4.13　不同温度下 MWC 和 NWC 涂层在酸环境中的腐蚀形貌( pH =5 )

(a)、(e)MWC 涂层 30℃；( b)MWC 涂层 50℃；

(c)、(f)NWC 涂层 30℃；( d)NWC 涂层 50℃。

表 4.7　MWC 和 NWC 涂层酸溶液腐蚀后元素含量(30℃)

| | MWC | | NWC | |
|---|---|---|---|---|
| 元素 | 谱图 1/at. % | 谱图 2/at. % | 谱图 1/at. % | 谱图 2/at. % |
| C K | 59. 21 | 16. 66 | 75. 35 | 27. 21 |

| 元素 | MWC | | NWC | |
|---|---|---|---|---|
| | 谱图 1/at. % | 谱图 2/at. % | 谱图 1/at. % | 谱图 2/at. % |
| O K | 6.95 | 10.82 | 17.12 | 36.57 |
| Cr K | 5.33 | 16.40 | 0 | 6.59 |
| Co K | 13.04 | 19.02 | 1.80 | 8.12 |
| W M | 15.48 | 37.10 | 5.73 | 21.51 |

NWC 涂层和 MWC 涂层表面微观区域内的能谱如图 4.13(e)、(f)所示,其元素含量如表 4.7 所列。在 O 离子含量相对较高的谱图中(即 MWC 涂层的谱图 4 和 NWC 涂层的谱图 2),Co:Cr 含量比分别为 1.159 和 1.23。NWC 涂层和 MWC 涂层在酸溶液中均由于 Co 和碳化物陶瓷相之间发生电偶腐蚀,而导致 Co 作为阳极优先腐蚀形成 $Co^{2+}$,涂层表面形成孤立碳化物颗粒。

# 4.4 不同环境状态的摩擦磨损行为

## 4.4.1 涂层的高低温摩擦磨损实验

图 4.14 所示为 30℃、载荷为 150N 时两种颗粒所制备涂层的摩擦系数曲线。微米 WC10Co4Cr 涂层的摩擦系数随滑动时间增加持续增大至 0.522;而纳米 WC10Co4Cr 涂层的摩擦系数从第 8min 开始逐渐稳定至 0.448,而且纳米 WC10Co4Cr 涂层摩擦系数的波动范围小于微米 WC10Co4Cr 涂层。显然,在摩擦初期阶段时,对磨球 $Si_3N_4$ 与 WC10Co4Cr 涂层表面仅存在少量接触,因此摩擦

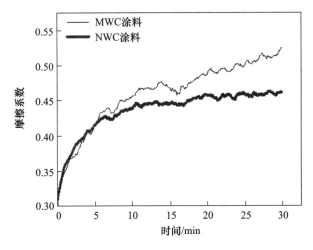

图 4.14 常温摩擦系数变化曲线

系数较小。随着摩擦时间增加,接触面增大,当磨球与涂层充分接触时,摩擦系数逐渐趋于稳定。

不同 WC 粒径制备的 WC10Co4Cr 涂层在两种温度下的摩擦系数与磨损率如表 4.8 所列。当温度为 30℃ 时,微米 WC10Co4Cr 涂层的摩擦系数平均为 0.507,平均磨损率为 $8.768 \times 10^{-6}$(mg/(N·m));纳米 WC10Co4Cr 涂层的摩擦系数平均为 0.480,平均磨损率为 $8.198 \times 10^{-6}$(mg/(N·m))。当温度为 200℃ 时,微米 WC10Co4Cr 涂层摩擦系数平均为 0.833,平均磨损率为 $12.031 \times 10^{-6}$(mg/(N·m));纳米 WC10Co4Cr 涂层摩擦系数平均为 0.797,平均磨损率为 $7.386 \times 10^{-6}$(mg/(N·m))。显然,当温度变化时,两种涂层的摩擦系数均增加,但是纳米涂层的摩擦系数小于微米涂层,而纳米 WC10Co4Cr 涂层的平均磨损率相对稳定,这也显示了纳米涂层的潜在优势。

表 4.8 不同温度条件下涂层摩擦磨损

| 样本 | 摩擦系数 | 磨损量/mg | 平均摩擦系数 | 平均磨损率/$\times 10^{-6}$(mg/(N·m)) |
|---|---|---|---|---|
| MWC (30℃) | 0.522 | 27.1 | 0.507 | 8.768 |
| | 0.516 | 28.9 | | |
| | 0.483 | 31.1 | | |
| NWC (30℃) | 0.497 | 25.5 | 0.480 | 8.198 |
| | 0.488 | 27.8 | | |
| | 0.454 | 26.4 | | |
| MWC (200℃) | 0.9237 | 35.1 | 0.833 | 12.031 |
| | 0.8398 | 54.9 | | |
| | 0.7346 | 29.5 | | |
| NWC (200℃) | 0.8424 | 19.7 | 0.797 | 7.386 |
| | 0.8099 | 27.6 | | |
| | 0.7386 | 24.5 | | |

### 4.4.2 不同温度的摩擦磨损行为

图 4.15 所示为常温环境载荷 150N 下,两种粒度制备的 WC10Co4Cr 涂层与 $Si_3N_4$ 摩擦副作用后的表面磨痕 SEM 形貌。涂层表面存在 WC 硬质凸点,对硬质凸点表面的元素分析,发现在暗衬度区域含有 W、C 及 Si 元素(表 4.9),说明涂层与 $Si_3N_4$ 进行摩擦副时,涂层表面发生了 $Si_3N_4$ 转移,但在亮衬度区域未发现 Si 元素的沉积,这说明在常温状态,涂层与摩擦副在载荷作用下 $Si_3N_4$ 硬质相在压应力作用下嵌入硬质接触区。

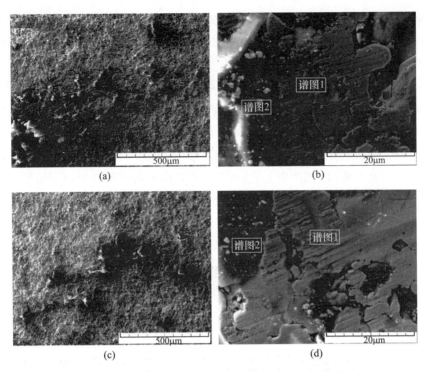

图4.15　不同粒度 WC10Co4Cr 涂层的磨痕与能谱
（a）、（b）MWC 涂层；（c）、（d）NWC 涂层。

表4.9　不同涂层对应位置的能谱元素分布

| 元素 | MWC 涂料 | | NWC 涂料 | |
| | atm% | | atm% | |
| | 谱图 1 | 谱图 2 | 谱图 1 | 谱图 2 |
| --- | --- | --- | --- | --- |
| C K | 5.60 | 0.92 | | 1.47 |
| O K | 37.48 | 72.31 | 14.75 | 63.97 |
| Si K | | 20.60 | | 23.65 |
| Cr K | 3.03 | 0.71 | 8.16 | 1.33 |
| Co K | 6.58 | 1.25 | 18.06 | 2.73 |
| W M | 47.31 | 4.20 | 59.03 | 6.86 |

常温摩擦过程中,微米涂层磨痕表面存在大量硬质凸点(图4.15(a))。涂层中的 Co/Cr 黏结相由于硬度较低首先被切削和挤压。随着磨损时间推移,涂层表面中 WC 硬质颗粒对 $Si_3N_4$ 表面产生犁削而导致 $Si_3N_4$ 颗粒附着于涂层磨痕表面(图4.15(b)),并与 WC 磨屑共同对涂层表面产生二次磨损,尤其在 Co/Cr 富集区域进而产生犁削磨损。微米 WC10Co4Cr 涂层磨损的主要因素为表面

113

WC 硬质颗粒相与 Si₃N₄ 硬质磨屑进行微切削,引发犁削磨损。同时,摩擦产生的剪应力还导致磨损亚表面萌生微裂纹,并扩展至表面,最后形成垂直裂纹,诱发疲劳剥落。

与微米涂层相比,纳米 WC10Co4Cr 涂层在相同载荷时的磨痕较轻(图 4.15(c)),磨痕表面出现少量 WC 硬质凸点。由图 4.15(d)看出,涂层磨痕区未出现明显的垂直裂纹,磨痕区磨屑较少,但涂层表面的犁削较微米涂层明显。这源于摩擦磨损过程中,WC 与 CoCr 形成的固溶体具有高硬度,其形成的硬质颗粒在富 CoCr 区域产生了切削作用,使得涂层被犁削。但由于纳米涂层的硬度较高(1301.5HV$_{0.3}$),孔隙率较低,涂层的耐磨能力更强。

由此可见,不同粒度的 WC10Co4Cr 涂层在常温环境下产生的磨损机制不尽相同:微米涂层的磨损源于涂层表面的 WC 硬质颗粒相与 Si₃N₄ 微切削产生的硬质磨屑,诱发犁削以及剪应力在涂层亚表面诱发的疲劳剥落;而纳米 WC10Co4Cr 涂层为硬质颗粒诱发的犁削磨损。

图 4.16 所示为 200℃ 状态不同粒径 WC10Co4Cr 涂层的摩擦学特征,磨痕表面的磨屑明显减少。EDS 能谱分析显示(表 4.10),涂层中的氧含量均比较高,

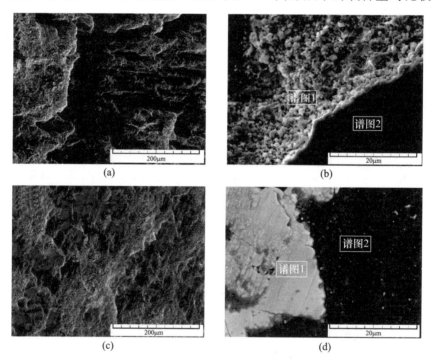

图 4.16　高温状态不同粒径 WC10Co4Cr 涂层的摩擦学特征
(a)、(b)MWC 涂层; (c)、(d)NWC 涂层。

说明随着温度升高,涂层表面发生氧化,形成氧化膜,尤其是微米涂层的亮衬度区域与暗衬度区域氧含量基本相同,而在纳米涂层的两个区域氧含量存在差别。

图4.16(a)、(b)所示为高温状态下微米 WC10Co4Cr 涂层的磨痕表面形貌特征。可以发现涂层磨痕平整,部分区域发生了黏着,在磨痕表面的凹槽区存在大量磨屑(图4.16(b))。能谱分析发现(表4.10),磨痕区不但氧元素含量较高,且含有 Fe 元素的比例相近,说明在高温环境下,GCr15 摩擦副表面物质发生了转移,磨痕区发生微域黏着。随着温度升高,涂层表面骨架强度下降,抵抗高温断裂的能力下降,磨损区域出现延展特征,并形成了韧性好的氧化膜硬质薄膜层;在涂层表面磨痕凹坑中存在以 WC、$W_2C$、$Fe_2O_3$ 颗粒为主的球状磨屑。这说明在高温状态,涂层中孔隙与微裂纹等缺陷容易诱发涂层的局部剥落,但剥落形成的磨屑在高温状态下会填充损伤部位,使得摩擦表面存在疏松硬质薄膜层,成为微米 WC10Co4Cr 涂层在该温度下磨损率较高的主要因素。

表4.10　高温状态不同粒度涂层的能谱分析

| 元素 | MWC 涂料 | | NWC 涂料 | |
|---|---|---|---|---|
| | atm% | | atm% | |
| | 谱图1 | 谱图2 | 谱图1 | 谱图2 |
| C | 1.74 | 1.29 | | |
| O K | 61.10 | 62.33 | 24.14 | 53.82 |
| Cr K | 5.13 | 4.95 | 7.99 | 7.67 |
| **Fe K** | **8.71** | **11.71** | **2.03** | **24.14** |
| Co K | 6.64 | 4.16 | 18.29 | 3.73 |
| W M | 15.07 | 14.11 | 47.56 | 7.92 |
| Ni K | 1.61 | 1.45 | | 2.72 |

图4.16(c)、(d)给出了纳米 WC10Co4Cr 涂层在高温环境下磨损后的磨痕形貌。在低倍电镜下,涂层表面的氧化物硬质薄膜较少(图4.16(c)),而 BSE 形貌也显示,磨痕表面 WC 硬质颗粒相、Co/Cr 分布较为均匀(图4.16(d))。结合表4.10可以看出,磨痕区的 Fe 含量明显较高(24atm.%),这说明在高温磨损过程中,涂层对 GCr15 保持了较好的耐磨性(磨损率为 $7.386 \times 10^{-6}$(mg/(N·m)))。涂层表面磨痕特征显示不仅存在微域黏着磨损,而且存在 Co/Cr 区域的犁削划痕。其中,图4.16(d)亮衬度区既包含弥散颗粒分布在 Co/Cr 基体的碳化物颗粒,还包含了固溶体(表4.10)的涂层表面,而在灰暗区域主要为 Fe 磨屑,且 O 含量均比较高。可以看出,纳米 WC10Co4Cr 涂层尽管存在脱碳氧

化,但其细晶粒改善了涂层的高温磨损能力,磨屑粒度与含量均减小,磨损机制为黏着磨损与微量磨料磨损相结合的模式。

### 4.4.3 涂层在酸溶液中的腐蚀摩擦学实验

图 4.17 所示为等离子喷涂 WC10Co4Cr 涂层在溶液中转速为 120r/min、载荷为 150N 时的摩擦学特性曲线。图 4.17(a) 显示,在 1Cr18Ni9Ti 不锈钢表面沉积的 WC10Co4Cr 涂层在中性溶液环境中的摩擦系数较为平稳,摩擦系数分布在 0.3387 ~ 0.3682 内;在酸性条件下涂层的摩擦系数变化明显分布在 0.25 ~ 0.4 之间,且 T1 – 2 涂层的摩擦系数呈下降趋势(图 4.17(b))。表 4.11 显示,T1 – 1、T1 – 3涂层在中性溶液环境的摩擦系数均小于其在酸溶液环境下的摩擦系数;而 T1 – 2 涂层的摩擦系数在两种溶液环境下较为接近(0.3387、0.3224)。磨损率显示,在中性溶液条件下,3 种工艺制备的 WC – 10Co4Cr 涂层的磨损率分别为 0.2332‰、0.1680‰和 0.2470‰;在酸性溶液条件下,3 种工艺制备的 WC10Co4Cr 涂层的磨损率分别为 0.2298‰、0.2272‰ 和 0.6952‰。相比较,当喷涂电流为 650A、电压为 56V 时,等离子技术沉积的 WC10Co4Cr 涂层具有较低的磨损率和摩擦系数。

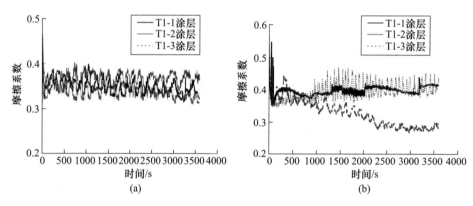

图 4.17 不同工艺制备 WC10Co4Cr 涂层的摩擦系数

(a)中性溶液环境;(b)酸性溶液环境。

表 4.11 不同溶液环境中涂层的摩擦磨损值

| 涂层 | 中性溶液 | | | 酸溶液 | | |
|---|---|---|---|---|---|---|
| | 磨损率/‰ | 磨损量/mg | 摩擦系数 | 磨损率/‰ | 磨损量/mg | 摩擦系数 |
| T1 – 1 | 0.2332 | 14.7 | 0.3489 | 0.2298 | 14.8 | 0.3981 |
| T1 – 2 | 0.1680 | 10.7 | 0.3387 | 0.2272 | 14.6 | 0.3224 |
| T1 – 3 | 0.2470 | 15.8 | 0.3682 | 0.6952 | 44.7 | 0.3973 |

### 4.4.4 涂层在酸溶液中的腐蚀摩擦行为

图 4.18 给出了等离子喷涂 WC10Co4Cr 涂层在溶液中的表面磨痕形貌。在中性溶液中,等离子喷涂 WC10Co4Cr 涂层表面磨痕特征如图 4.18(a) ~ (c)所示。涂层表面存在明显的犁削与(WC、W$_2$C) – CoCr 界面形成电偶腐蚀。显然,随着摩擦副的运动,涂层中的 WC 颗粒表面区域的 W$_2$C 相与金属结合界面更易在中性溶液中发生电偶腐蚀(图 4.18(a)),该区域会逐渐在赫兹应力作用下产生断裂而导致 WC 颗粒剥落(图 4.18(b)),存在于溶液中的 WC 颗粒相又会引起二次磨屑磨损,使得涂层表面出现明显的犁削。

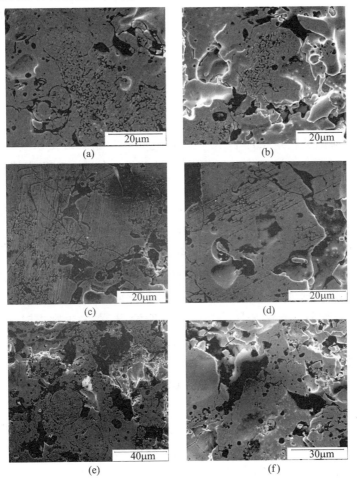

图 4.18　等离子喷涂 WC10Co4Cr 涂层在溶液中的表面磨痕
(a)T1 – 1 涂层中性环境;(b)T1 – 2 涂层中性环境;(c)T1 – 3 涂层中性环境;
(d)T1 – 1 涂层酸性环境;(e)T1 – 2 涂层酸性环境;(f)T1 – 3 涂层酸性环境。

图 4.18(d)~(f)所示在酸性溶液中摩擦磨损表面的 SEM 形貌。图中显示，当喷涂功率较低时，涂层表面存在犁削痕迹(图 4.18(d))，但随喷涂功率增大逐渐消失。究其原因，主要在于小功率状态，熔化不完全的 WC 硬质颗粒会在剪应力作用下发生剥离；当功率较大时，WC 扁平颗粒熔化较好，且发生脱碳反应生成 $W_2C$，不易产生犁削，而是在剪应力作用下产生裂纹而脆断(图 4.18(f))。此外，酸溶液中，涂层的 CoCr 金属区出现点蚀腐蚀坑，并随喷涂功率的增加而严重，此时赫兹应力在硬质相支点以及点蚀表面产生应力过载而萌生裂纹，并扩展至涂层表面，导致更明显的腐蚀剥落坑(图 4.18(e)、(f))。

综上可知，在酸性溶液中，等离子喷涂 WC10Co4Cr 涂层的腐蚀磨损以金属相、金属晶间相点蚀为主的磨损模式；而在中性溶液中，涂层在摩擦过程中伴随了明显的 $W_2C$ 与 CoCr 界面形成的电偶腐蚀相关。3 种工艺状态中，喷涂电流为 650A、电压为 56V 时，等离子技术沉积的 WC10Co4Cr 涂层的摩擦表面更符合工程设计要求。

### 4.4.5 WC10Co4Cr 耐磨减摩涂层的磨损机理

在滑动磨损的特定条件下，摩擦表面之间在初始阶段接触到的仅是表面上较高的微突体。在微观接触的范围内，这些微突体将承受很大的机械应力，这些应力由于切向的相对运动还会强化，以致受到负荷作用下微突体发生弹性和塑性变形，从而导致两个洁净接触表面黏着的产生。在外力作用下黏着点将被剪掉发生材料转移而留下剥落坑。此外，在滑动磨损过程中，硬突点在磨损表面上施加的表面推碾力易使磨损次表层萌生微裂纹，进而扩展并相互连接，达到一定尺寸后在切应力作用下转向表面，最后形成剥落坑，即发生所谓的剥落磨损。等离子技术沉积 WC10Co4Cr 金属陶瓷耐磨减摩涂层是由 WC 硬质颗粒弥散强化的金属陶瓷耐磨减摩涂层，在发生磨损时主要是黏着磨损，呈现出微断裂和片状剥落特征，承受较大的机械应力的微突体主体为 WC 硬质颗粒。

图 4.19 和图 4.20 所示为纳米 WC10Co4Cr 耐磨减摩涂层在载荷为 150N 时的磨痕表面 SEM 平行排列的凹痕，图 4.21 和图 4.22 则分别为纳米 WC10Co4Cr 耐磨减摩涂层位置 I 和位置 II 处的能谱分析结果。通过对其进行分析表明，纳米 WC10Co4Cr 耐磨减摩涂层在摩擦磨损过程中，发生了一定程度的塑性变形，引起了两个洁净接触表面黏着的发生。

由图 4.20 看出，发生磨损的表面出现大量与粉末颗粒形貌相似具有棱角结构的 WC 硬质颗粒，WC 硬质颗粒部分或完全割裂，并存在凸起。而出现这种现象很可能是源于切削作用，碎裂的 WC 硬质颗粒伴随着黏结相的转移而剥离，故

118

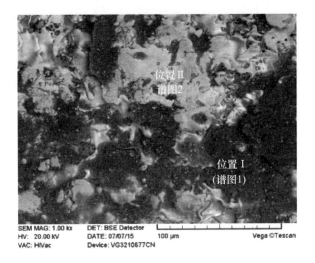

图 4.19 纳米 WC10Co4Cr 涂层 SEM 图像

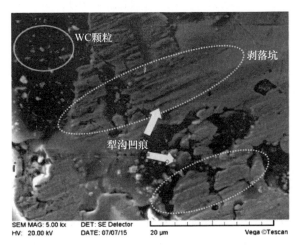

图 4.20 纳米 WC10Co4Cr 涂层 SEM 形貌

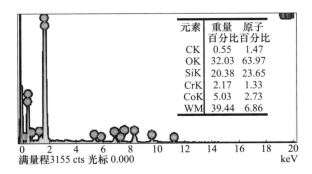

| 元素 | 重量<br>百分比 | 原子<br>百分比 |
| --- | --- | --- |
| CK | 0.55 | 1.47 |
| OK | 32.03 | 63.97 |
| SiK | 20.38 | 23.65 |
| CrK | 2.17 | 1.33 |
| CoK | 5.03 | 2.73 |
| WM | 39.44 | 6.86 |

满量程3155 cts 光标 0.000

图 4.21 纳米 WC10Co4Cr 涂层能谱(位置Ⅰ)

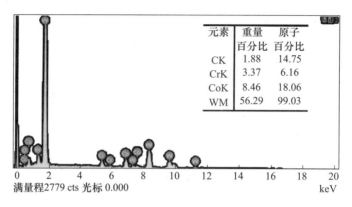

| 元素 | 重量<br>百分比 | 原子<br>百分比 |
|---|---|---|
| CK | 1.88 | 14.75 |
| CrK | 3.37 | 6.16 |
| CoK | 8.46 | 18.06 |
| WM | 56.29 | 99.03 |

满量程2779 cts 光标 0.000                    keV

图 4.22  纳米 WC10Co4Cr 涂层能谱(位置Ⅱ)

其磨损率较小。结合摩擦曲线图,磨损初期耐磨减摩涂层中黏结相硬度低于摩擦副,摩擦副与黏结相的相互作用加剧了磨损,导致摩擦因数在短时间内攀升。此外,在滑动磨损过程中,硬突点在磨损表面上施加的表面推碾力易导致磨损次表层微裂纹的萌生,微裂纹逐渐扩展进而相互连接,当形成的裂纹达到临界尺寸后,在剪切应力作用下扩展表面,最后形成剥落坑,即发生剥落磨损。

通过纳米 WC10Co4Cr 耐磨减摩涂层谱图 1 的能谱分析结果发现,在位置 I 处含量较多的氧元素被检测到,同时 W、C、Cr、Co 元素的含量与初始含量相比有明显减少,在忽略元素烧损的情况下,W、C 元素含量的变化是由于在摩擦副的作用下,WC 硬质颗粒部分或完全割裂,并伴随黏结相转移而剥离;而 Co 元素含量的下降则是由于 Co 基黏结相黏附于接触面而发生转移;Si 元素则是由摩擦副引入。在纳米 WC10Co4Cr 耐磨减摩涂层的谱图 2 显示,W、Co 及 Cr 的含量未发生明显变化,但是检测到了少量的氧元素。

微米耐磨减摩涂层磨痕表面 SEM 如图 4.23 和图 4.24 所示,图 4.25 中既有明显的犁沟痕迹,又有片状颗粒的裂痕,犁沟痕迹主要出现在熔化不完全的 WC 颗粒的区域,此处的 Co 相对含量高,黏结性好,出现黏着点,为黏着磨损,由于 WC 硬质颗粒尺寸大于纳米耐磨减摩涂层中的 WC 颗粒尺寸,故在发生黏着磨损时,作为黏着点的 WC 硬质颗粒被剪掉发生材料转移而留下的在常规耐磨减摩涂层中的剥落坑要比纳米耐磨减摩涂层中的大,图 4.25 所示为熔化较好的 WC 粉体形成的扁平颗粒的过程中发生脱碳现象,生成 $W_2C$,硬度高,不易产生犁削,而是在反复磨损过程中在应力的作用下产生裂纹,发生脆断。另外,由于微米 WC - Co 耐磨减摩涂层的孔隙率大,微裂纹多,在滑动磨损过程中,硬突点在磨损表面上施加的表面推碾力易使磨损表层萌生更多的微裂纹,进而扩展并相互连接,达到一定尺寸后在切应力作用下转向表面,最后形成更多、更大的剥落坑,因此,微米 WC - Co 耐磨减摩涂层的抗磨损性能不如纳米 WC - Co 耐磨减摩涂层。

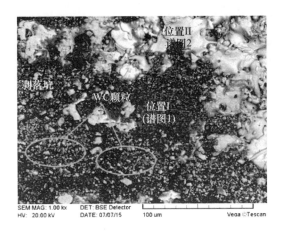

图 4. 23 微米 WC10Co4Cr 涂层 SEM 图像

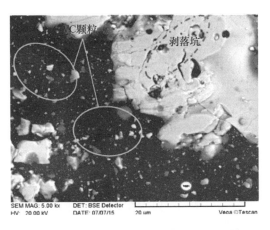

图 4. 24 微米 WC10Co4Cr 涂层 SEM 形貌

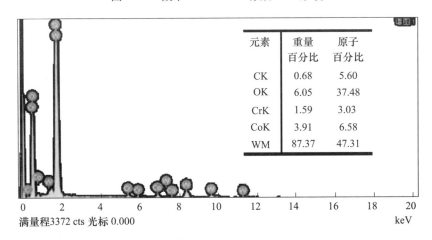

| 元素 | 重量<br>百分比 | 原子<br>百分比 |
| --- | --- | --- |
| CK | 0.68 | 5.60 |
| OK | 6.05 | 37.48 |
| CrK | 1.59 | 3.03 |
| CoK | 3.91 | 6.58 |
| WM | 87.37 | 47.31 |

满量程3372 cts 光标 0.000

图 4. 25 微米 WC10Co4Cr 耐磨减摩涂层能谱(位置Ⅰ)

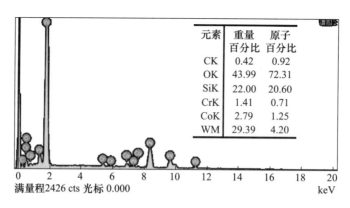

| 元素 | 重量<br>百分比 | 原子<br>百分比 |
|---|---|---|
| CK | 0.42 | 0.92 |
| OK | 43.99 | 72.31 |
| SiK | 22.00 | 20.60 |
| CrK | 1.41 | 0.71 |
| CoK | 2.79 | 1.25 |
| WM | 29.39 | 4.20 |

满量程2426 cts 光标 0.000

图 4.26  微米 WC10Co4Cr 耐磨减摩涂层能谱(位置Ⅱ)

此外,耐磨减摩涂层在磨损过程中也会伴随有磨屑磨损的现象,首先是 Co 相受到切削磨损而下凹,WC 颗粒逐渐凸出,并承受磨屑的冲击和切削,对 Co 相形成了"阴影保护效应"而减轻磨损程度,随着 WC 颗粒间的距离减小,WC 对 Co 相的阴影保护作用增强。

WC 颗粒粒径的减小均会导致耐磨减摩涂层中 WC 间距离的减小,即 WC – Co – Cr 耐磨减摩涂层的耐磨性能增强。WC – Co – Cr 耐磨减摩涂层中 WC 颗粒间距 $s$ 与颗粒直径 $D$ 及体积分数 $f_p$ 和面积分数 $f_s$ 间(数值上 $f_p = f_s$)的数学关系式为

$$s = D\left[\left(\frac{0.525}{f_s}\right)^{1/3} - 1\right] \tag{4.1}$$

$$s = \frac{2D}{\pi}\left[\left(\frac{0.785}{f_s}\right)^{1/2} - 1\right] \tag{4.2}$$

通过对微米 WC10Co4Cr 耐磨减摩涂层的谱图 1 的能谱分析结果进行分析,发现一定量的氧元素被检测到,C、Cr、Co 元素的含量与初始含量相比,与纳米结构耐磨减摩涂层类似,含量有一定程度的下降。各种元素减少的原因与纳米结构类似,但是较少量更大。在纳米 WC10Co4Cr 耐磨减摩涂层的谱图 2 显示,W、Co 及 Cr 的含量同样较少,而与纳米结构不同的是在谱图 2 中出现了相当含量的 Si 元素。

## 4.5  基于 WC/Co 涂层微观结构的损伤失效

### 4.5.1  二元涂层的疲劳损伤寿命模型的建立

图 4.27 所示为基于微观结构特征的随机分布提取的二元涂层有限元模型。其中,图 4.27(a)所示为等离子沉积技术制备的 WC/Co 涂层的 SEM 形貌,很明

显,微米的多棱角状态的 WC 颗粒镶嵌在已经熔化的 Co 相内部。图 4.27(b)所示为采用灰度二值化对涂层的微观结构进行分类后的图像,从图像中可以明显看出,二元涂层的微观结构呈明显的随机分布。图 4.27(c)所示为采用 OOF 提取后形成的有限元模型,在模型中可以看到,WC/Co 涂层的微观结构转化为有限元模型,其中 Co 相的分布如图 4.27(d)所示。同时,形成的有限元模型由两相组成,且呈现随机分布特征,与涂层的形成紧密相关,呈现非均匀分布特征。

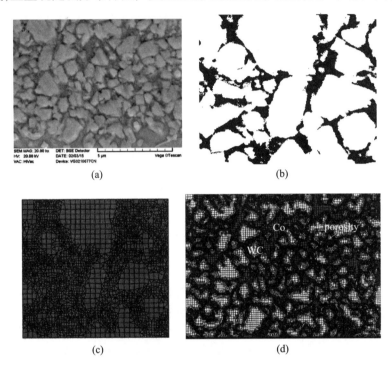

(a)          (b)

(c)          (d)

图 4.27  WC/Co 涂层微观结构与有限元模型

(a)涂层微观结构;(b)磨损区域的裂纹;

(c)涂层微观结构有限元模型;(d)Co 相的分布。

对此,基于涂层微观结构提取了微观真实结构的有限元模型。其中,将涂层 SEM 形貌灰度化处理后,按照灰度值进行分类,与涂层中的 WC、Co、孔隙相映射,根据每个像素单元坐标构建涂层微观结构有限元模型,通过像素单元与微观结构相映射,并赋予模型各相的材料参数,如图 4.27(c)所示,其与 WC/Co 涂层微观结构形成了较好的匹配。

## 4.5.2  WC/Co 涂层的等效参数

单元的尺度相对于结构的宏观尺度属于高阶无穷小,因此结构的非均质性是细观层次的。但是在某点的微结构元尺度邻域内,这种微结构的几何构成的变化可以认为是微小的。由于非均质性的存在,在体积力和面积力的作用下结构均会在微观领域发生应力应变。WC/Co 涂层各相的基本参数如表 4.12 所列。

表 4.12　材料的基本参数

| 材料 | WC | Co | GCr15 |
|---|---|---|---|
| 密度/($10^3$kg/m$^3$) | 15.72 | 8.96 | 7.83 |
| 熔点/℃ | 2830 | 1495 | 1783 |
| Bulk 模量/MPa | 392 | 187.5 | |
| 剪切模量/MPa | 301 | 81.75 | |
| 泊松比 | 0.194 | 0.31 | 0.3 |
| 弹性模量(25℃)/Pa | $7.20 \times 10^{11}$ | $2.11 \times 10^{11}$ | $2.19 \times 10^{11}$ |
| 屈服强度/(N/m$^2$) | | | 380 |
| 热扩张系数/(Kelven) | 3.8~3.9 | $1.20 \times 10^{-5}$ | $1.20 \times 10^{-5}$ |
| 比热密/(J/(kg·K)) | 203 | 414 | 460 |
| 热导率/(W/(m·K)) | 110 | 69.04 | 44 |

## 4.5.3　非均质结构的等效参数耦合

非均质材料结构下,涂层的泊松比、弹性模量等基本材料参数与非均质结构存在密切联系。因此,必须从本质出发进行研究。为此将各相材料的基本参数作为原始参数,依托 ABAQUS 平台进行二次仿真迭代。边界条件设置为 Bottom 设置为 $U_x = U_y = V_x = V_y = 0$。

图 4.28 给出了基于非均质结构材料有限元模型获得的等效材料参数曲线。其中图 4.28(a)所示为等效泊松比曲线,通过在不同拉应力作用下获得非均质 WC/Co 涂层分别在 X、Y 方向的最大应变值($E_{11}$,$E_{22}$),进而通过线性耦合获得涂层的等效泊松比为 0.305。而非均质涂层等效弹性模量则由涂层在不同拉应力作用下涂层在 Y 方向上的最大应变($E_{22}$)与拉应力($S_{22}$)组成线性关系获得 WC/Co 涂层的等效弹性模量为 492.6GPa。由图 4.28(b)可以得出,微观结构中 Co 相的面积占 33.2%,获得涂层的等效密度为 14.47g/cm$^3$。同时,根据实验测得涂层结合强度为 72.8MPa,显微硬度为 1029(15s,300g)。这与表 4.13 计算结果接近。

表 4.13 所列为 320MPa 拉力作用下涂层中单元相的等效参数,在拉应力作用下涂层中各相的等效弹性模量与泊松比均与表 4.13 所述有差别,其原因在于非均质材料中各相之间存在相互作用而影响了涂层的弹性模量。

124

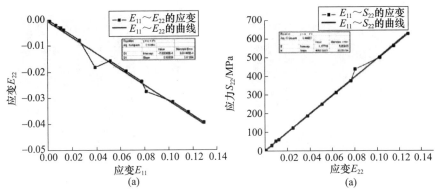

图 4.28 基于非均质结构的材料参数曲线

(a)等效泊松比;(b)等效弹性模量。

表 4.13 320MPa 拉力作用下涂层中单元相的等效参数

| 单元 | 1009 | 1429 | 1817 | 1967 | 1969 | 3210 | 3236 |
|---|---|---|---|---|---|---|---|
| 等效弹性模量/GPa | 216.16 | 728.5 | 735.7 | 223.1 | 216.6 | 726.2 | 226.0 |
| 等效泊松比 | 0.1633 | 0.1932 | 0.158 | 0.143 | 0.2324 | 0.206 | 0.1014 |

### 4.5.4 WC/Co 涂层的微观应变特征

图 4.29 所示为拉应力 100N 作用下等离子喷涂沉积 WC/Co 涂层的微观结构的应变与应力分布。图 4.29(a)、(b)所示为在拉应力作用下涂层的应变特征。受到涂层分布特征的影响,在 $Y$ 向拉应力作用下,涂层在 $X$ 方向呈现压缩特征,在 $Y$ 方向呈现拉伸应变,其中 Co 相的应变大于 WC 颗粒相的应变特征,由于二相涂层呈随机分布,应力接触表面富 Co 相周围产生局部大应变特征(图 4.29(b),同时也产生应力集中(图 4.29(c)、(d),其 $X$、$Y$ 向最大应力值分别达到 23.21MPa、63.22MPa。尤其是在 $X$ 方向产生剪应力的作用下,会导致涂层表面结构产生剪切滑动,并在最大应力集中部位的位移达到 0.243μm,相反在涂层底部的 $X$ 方向产生反向位移(为 -0.06722μm)。在拉应力作用下,二相涂层因其随机分布的特点,产生了 $X$ 方向位移,进而产生沿 Co 与 WC 边界产生撕裂层。

这说明微观有限元模型刻画了微观结构在细观层次的非均质性。由于非均质结构,WC/Co 涂层结构均会在细观领域发生应力应变。在拉应力作用下,涂层在 $X$ 方向压缩、$Y$ 方向拉伸,应力接触表面富 Co 周围产生局部大应变,在不同位置时,WC-Co 边界产生应力集中程度不同,并沿着 WC-Co 边界走向产生应力集中。这说明,WC/Co 涂层非均匀微观结构分布中,沿 WC-Co 边界产生的应力集中是涂层中诱发裂纹产生的根源,而且所诱发裂纹的位置、角度是随机的,这使得涂层疲劳损伤问题更为复杂。

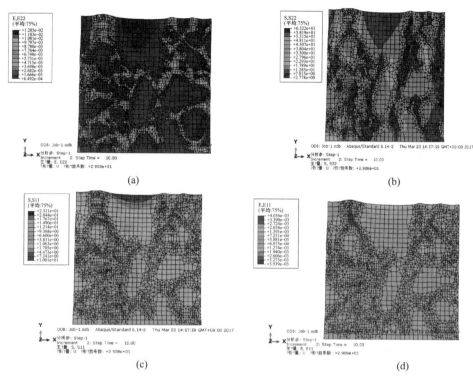

图 4.29　等离子喷涂沉积 WC/Co 涂层的微观结构的应力应变分布

(a)$E_{11}$；(b)$E_{22}$；(c)$S_{11}$；(d)$S_{22}$。

# 参 考 文 献

[1] Hong S, Wu Y P, Zhang J F, et al. Ultrasonics Sonochemistry[J]. 2015,27（11）:374 – 378.

[2] 周克崧,邓春明,刘敏,等. Rare Metal Materials and Engineering[J]. 2009,384:671 – 676.

[3] Thakare M R, Wharton J A, Wood R J K, et al. Tribology International[J]. 2008,41:629 – 639.

[4] Li C J, Ohmori A, Harada Y. Journal of Thermal Spray Technology[J]. 1996,5（1）:69 – 73.

[5] 袁晓静,王汉功,查柏林,等. Journal of Material Science and Engineering[J]. 2004,222.:204 – 208.

[6] 王海军,蔡江,韩志海. Material Engineering[J]. 20054:50 – 54.

[7] 杜三明,靳俊杰,胡传恒,等. Tribology[J]. 2015,35(04):362 – 367.

[8] 王文昌,盛天原,孔德军,等. Transactions OF Materials and Heat Treatment[J].（2015）12:190 – 196.

[9] Zhan Q, Yu L G, Ye F X, et al. Surface & Coatings Technology[J]. 2012,206(19 – 20):4068 – 4074.

[10] 陈小明,周夏凉,吴燕明,等. China Surface Engineering[J]. 2015,286:88 – 95.

[11] Avnish kumar, Ashok Sharma, Goel S K. Applied Surface Science[J]. 2016,3705:418 – 426.

[12] Taimin Gong, Pingping Yao, Xiaoting Zuo, et al. Wear[J]. 2016,362 – 363(9):135 – 145.

[13] 倪继良,程涛涛,丁坤英,等. Material Protection[J]. 2013. 1:19 – 21.

［14］王学政,王海滨,宋晓艳,等. Rare Metal Materials and Engineering［J］. 2017,463. :704 – 710.

［15］Yuan J H,Zhan Q,Huang J,et al. Materials Chemistry and Physics［J］. 2013,1421:165 – 171.

［16］Qing Zhan,Ligen Yu,Fuxing Ye. Surface & Coatings Technology［J］. 2012,206(19 – 20):4068 – 4074.

［17］Swank W D ,Fincke J R ,Haggard D C,Thermal Spray Industrial Applications［C］. ASM International,Boston,1994:319 – 324.

［18］De Villiers H L Lovelock,Journal of Thermal Spray Technology［J］. 1998,73:357 – 373.

［19］Verdon C,Karimi A, Martin J L. Material Science Engineering. A,1998,246 (1 – 2):11 – 24.

［20］ Aguero A, Camon F, Garcia de Blas J, et al. Journal of Thermal Spray Technology［J］. 2011, 206: 1292 – 1309.

［21］Fauchais P,Montavon G,Bertrand G. Journal of Thermal Spray Technology［J］. 2010,19(1 – 2):56.

［22］马淳安,褚有群,黄辉,等. Journal of Zhejiang University of Technology［J］. 2003,311:1 – 6.

# 第5章 NiCr基宽温域自润滑涂层的设计与性能评估

单一润滑材料的摩擦学性能总存在适用温域,如石墨的熔点为3500℃,理论的可使用温度范围为-270~1000℃,但在450~600℃范围内会发生氧化,因此,要实现摩擦副在宽温域可靠润滑需要发挥多种润滑剂相的协同作用,在一定的温度范围某些相充当润滑剂,某些相发挥耐磨剂作用,这就导致摩擦过程的复杂性,甚至在某些温度环境下,形成较为独特的骨架与软化的润滑剂混合结构,其摩擦学特性呈现出明显的阶段特性。本章则介绍了构建NiCr基宽温域固体润滑涂层的设计与性能评估。

## 5.1 工艺方法

### 5.1.1 喷涂材料粉末

1. 复合粉末的制备

实验选用的粉末均为微米级或者纳米级,体积小、重量轻,涂层制备难度较大,合理进行造粒可以确保喷涂过程中粉末的流动性和上粉率,获得高质量的涂层。实验中根据设计的比例,用天平称取一定的原料,放到器皿中,混合均匀。称取10g的聚乙烯醇,放到加热锅中加热与粉末混合,调整电炉到500W,持续加热并不断搅拌溶液,直到溶液烘干,继续烧结2h,而后将块体破碎,取出放入研磨钵中研磨,过筛得到复合材料。工艺路线见图5.1。

图5.1 复合粉末造粒工艺

2. 宽温域固体自润滑喷涂粉末设计

根据粉末的流动性能,涂层的沉积效果预判以及最优自润滑摩擦系数能达到的最大程度,初步筛选出NC83WY涂层-2、NC83WY涂层-5、NC65WYB涂

层 – 3、NC65WYB 涂层 – 5、NC65WYB 涂层 – 9、NC65WYB 涂层 – 10 复合粉末作为涂层制备和研究的主要粉末体系(表 5.1)。材料的具体特性见表 5.2,其中关于 $WSe_2$ 的研究和报道较少,特别是作为固体润滑剂,它具有使用温度较宽、耐负荷、化学性质稳定的特点。镍基金属是目前在研究高温润滑领域中使用最为广泛的基相材料,NiCr 是一种很好的固体润滑材料,可以同时提高涂层的润滑性能和力学性能。为进一步提高涂层质量,在涂层中加入一些辅助性的稀土材料 Y,以降低颗粒间的界面能,细化晶粒,减少涂层的裂纹。

等离子喷涂过程中,受到高温气流的影响,混合粒子存在飞行困难的问题,为此,通过烘干烧结聚乙烯醇和复合粉末混合悬浊液的方法得到块状的固体,而后进行破碎、研磨和过筛得到团聚的复合粉末,以改善等离子喷涂过程中涂层的成型能力。破碎处理得到粒径不大于 80 目的固体润滑粉末,如图 5.2 所示。可以看出各相粉末发生了团聚现象,复合颗粒呈球形,且尺寸较小,或者易发生团聚,但是研磨过程中复合粉末中存在部分严重的变形、复合粉末形状的多样性和不规则性。

表 5.1    固体自润滑粉末的配方设计

| 材料 | 涂层代号 | NiCr | Ni | $BaF_2$ | $CaF_2$ | $WSe_2$ | Ag | Y | hBN |
|------|---------|------|-----|---------|---------|---------|-----|---|-----|
| TC1 – 0 | NC100 | 100 | — | 0 | 0 | 0 | 0 | 0 | 0 |
| TC1 – 1 | NC90WY | 90 | — | 4.08 | 1.92 | 2 | 0 | 2 | 0 |
| TC1 – 2 | **NC83WY** | 83 | — | 4.76 | 2.24 | 7 | 0 | 3 | 0 |
| TC1 – 3 | NC75WY | 75 | — | 10.2 | 4.8 | 7 | 0 | 3 | 0 |
| TC1 – 4 | NC70WY | 70 | — | 12.92 | 6.08 | 8 | 0 | 3 | 0 |
| TC1 – 5 | **NC65WYB** | 65 | — | 15.028 | 7.072 | 5 | 0 | 4 | 4 |
| TC1 – 6 | NC60WYB | 60 | — | 17.68 | 8.32 | 6 | 0 | 4 | 4 |
| TC1 – 7 | NC50WYB | 50 | — | 24.48 | 11.52 | 6 | 0 | 4 | 4 |
| TC1 – 8 | NC70WYB | 70 | — | 10.88 | 5.12 | 6 | 0 | 4 | 4 |
| TC1 – 9 | NC80WYB | 80 | — | 4.76 | 2.24 | 6 | 0 | 3 | 4 |
| TC2 – 1 | N90WY | — | 90 | 1.36 | 0.64 | 4 | 2 | 2 | 0 |
| TC2 – 2 | N80WY | — | 80 | 4.76 | 2.24 | 8 | 2 | 3 | 0 |
| TC2 – 3 | N69WY | — | 69 | 6.8 | 3.2 | 15 | 3 | 3 | 0 |
| TC2 – 4 | N65WY | — | 65 | 9.52 | 4.48 | 15 | 3 | 3 | 0 |
| TC2 – 5 | N60WY | — | 60 | 12.92 | 6.08 | 15 | 3 | 3 | 0 |
| TC2 – 6 | N80WB | — | 80 | 4.08 | 1.92 | 5 | 2 | 3 | 4 |
| TC2 – 7 | N70WB | — | 70 | 7.48 | 3.52 | 10 | 2 | 3 | 4 |
| TC2 – 8 | N65WB | — | 65 | 7.48 | 3.52 | 15 | 2 | 3 | 4 |
| TC2 – 9 | N60WB | — | 60 | 10.2 | 4.8 | 16 | 2 | 3 | 4 |
| TC2 – 10 | N51WB | — | 51 | 13.6 | 4.8 | 20 | 2 | 3 | 4 |

表 5.2 实验粉末的相关特性

| 材料 | 纯度/% | 粒度/μm | 特性 |
|---|---|---|---|
| Ni40Cr | 99.99 | 10~20 | |
| Ni | 99.00 | 0.06 | |
| Ag | 99.85 | 5~20 | 硬度:80HB;熔点:960℃;结构:面心立方 |
| $BaF_2 \cdot CaF_2$ | 98.0 | 3~10 | 使用温度:500~900℃;低温下无效 |
| hBN | 99.5 | 1~3 | 使用温度:500~800℃;熔点:2700℃;氧化温度:700℃ |
| NiO | 99.5 | 1~3 | 熔点:400℃;摩擦系数:0.25(815℃下) |
| $Cr_2O_3$ | | | 熔点:1900℃;摩擦系数:0.28(900℃下) |
| $B_2O_3$ | | | 熔点:577℃;摩擦系数:0.14(650℃下) |
| $WO_3$ | | | 熔点:2130℃;摩擦系数:0.55(700℃下) |
| $WSe_2$ | 98.50 | 5~15 | |
| Y | 98.0 | 5~30 | |

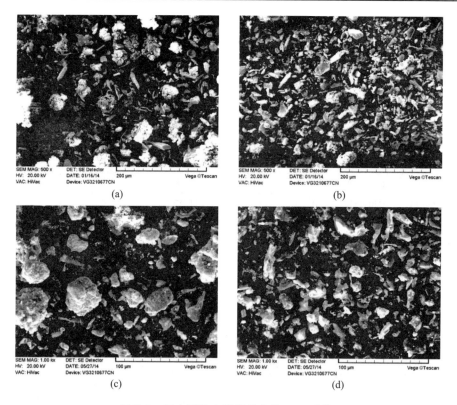

图 5.2 复合固体自润滑粉末的 SEM 形貌

（a）TC1-2 复合粉末；（b）TC1-5 复合粉末；

（c）TC2-3 复合粉末；（d）TC2-10 复合粉末。

## 5.1.2 等离子喷涂工艺优化

等离子喷涂技术是以非转移的等离子弧为热源,把待喷涂材料粉末注入等离子焰流中在基体上制备涂层的工艺方法。该工艺适用于制备高熔点的金属涂层和陶瓷涂层。经过近年来的发展,目前主要有低压等离子喷涂、微等离子喷涂以及轴向中心送粉等离子喷涂系统等,设备的功率为 40～120kW,可用于多种材料的融合沉积。

### 1. 喷涂参数分析

基体选择为 GH4145 高温合金钢和 45 钢,为了提高涂层与基体的结合强度,实验前采用射吸式喷砂处理的方法对基材进行预处理,清除表面的油污、氧化物等杂质,确保喷涂面的干净整洁。工艺参数为:喷砂磨料为 20 目的棕刚玉,喷砂角度为 90°,距离为 90mm,空气压力为 0.6～0.8MPa。

等离子喷涂的设备为 Sulzer Metco－9M 等离子喷涂系统。主气为氮气,以氢气为辅气,氩气为送粉气,调整参数和喷涂过程中的喷涂时间和次数,保证涂层的厚度在 350～450μm 之间,经过初步实验,优化选择喷涂参数为第二组工艺参数,具体见表 5.3。

表 5.3　等离子喷涂工艺参数

| 编号 | 电流/A | 电压/V | $N_2$ 流量 /scfm | $H_2$ 流量 /scfm | $N_2$ 送粉流量 (/mL/h) | 喷涂距离 /mm |
|---|---|---|---|---|---|---|
| 1 | 550 | 85 | 110 | 8 | 200 | 105 |
| 2 | 500 | 80 | 100 | 10 | 200 | 105 |
| 3 | 450 | 70 | 80 | 0 | 200 | 105 |

书中对喷涂的过程也进行了研究,包括喷涂过程中的颗粒与基体的结合方式、喷涂的温度和速度以及送粉率对涂层形成过程的影响等。

### 2. 工艺分析

根据喷涂的工艺、粉末特性和基材的特点,主要分为机械结合、冶金结合及物理结合。喷涂过程中,喷涂粒子经历着加热、加速、熔化、撞击基体及冷却凝固直到形成涂层。每个粒子的行为是相互不影响的,粒子的形态也不一样,有熔化的,也有软化的。粒子在碰撞基体后将发生塑性变形,在基体表面交错堆叠组合成涂层。特别是对组分复杂的复合粉末,同时含有高熔点颗粒和低熔点颗粒,受热规律更复杂,受工艺参数的影响也更加明显。研究表明,粒子的温度对涂层的氧化和孔隙率有很大影响,而粒子的速度可以加大粒子的扁平度,但是对涂层的孔隙率和粒子的氧化影响不大。另外,润滑相的加入会影响涂层的孔隙率,如加入 $BaF_2$、$WSe_2$ 会增加涂层的孔隙率。

综合显示,工艺的影响因素主要包括以下几个。

(1) 等离子束的温度和速度。可以通过电压和电流的大小来影响。通过离子束和喷管的作用,气体和粉末被加热,得到大量的热能和动能,使得颗粒能够达到一种软化、半熔化或者全部熔化的状态,确保粒子可以和基体很好地结合。粒子的温度变化有很多的影响因素,包括颗粒密度、比热表面换热系数以及粒子的粒径、加热时间等。一般来说,离子束的温度越高、长度越长,粒子的温度越高。

(2) 喷涂距离的作用。主要通过影响粒子的熔化状态来影响涂层的质量。如果喷涂的距离较长,则粒子在大气中的飞行路径较长,粒子被氧化的概率就会增加,同时其速度会大幅衰减,这会影响涂层的结合强度。对于粒径较小的粒子,则会由于紊流作用影响,难以到达基体表面。但是,如果喷涂的距离过短,虽然粒子到达基体时仍具有较高温度,而基体也会因气流场而被加热,导致沉积的涂层出现应力集中,进而影响涂层性能。

(3) 送粉率的影响。随着电压和电流以及喷涂距离的确定,单位时间注粉器加入的复合粉末量也会影响粒子的温度和速度,从而影响粒子的沉积率以及在涂层内部的组织和结构。粒子和离子束是相互作用的,随着大量粒子的加热和熔化,离子束的能量被降低了,反作用给粉末,降低粒子的温度和速度,粒子也会给离子束一个作用力,影响粒子的飞行速度。

# 5.2  $NiCr - WSe_2 - BaF_2 \cdot CaF_2$ 固体自润滑涂层的力学性能

## 5.2.1  Ni(Cr)基固体自润滑涂层的微观组织优化

本实验使用 TESCAN(捷克) VEGA Ⅱ XMU 型扫描电镜对涂层进行微观观察,利用 DXFORD - 7718 对涂层的相结构进行 XRD 分析。

### 1. 含 Cr 固体自润滑涂层的微观结构

图 5.3 给出了等离子沉积 $NiCr - WSe_2 - BaF_2 \cdot CaF_2$ 涂层的微观结构。其中图 5.3(a)、(c)、(e) 分别为含量为 83wt% NiCr 涂层的表面与端面形貌;图 5.3(b)、(d)、(f) 分别为含量为 65wt% NiCr 涂层的表面与端面形貌。可以看出,涂层内部存在一定含量的孔隙,涂层的厚度分别为 0.156mm 和 0.178mm。

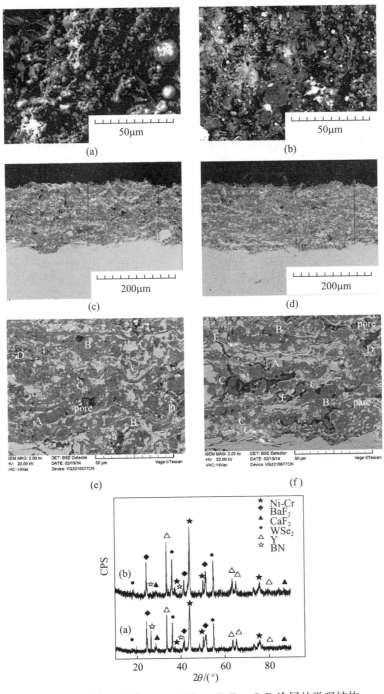

图 5.3 等离子喷涂 NiCr – WSe$_2$ – BaF$_2$ · CaF$_2$涂层的微观结构

(a)、(c)、(e)NC83WY;(b)、(d)、(f)NC65WYB 涂层(A—Ni40Cr;

B—WSe$_2$;C—BaF$_2$ · CaF$_2$;D—Y;E—hBN)(g)XRD 图谱。

在涂层的表面上存在球形的离散颗粒,能谱分析为 NiCr 大颗粒在等离子喷涂过程中造成表面软化。总体来看,涂层中的颗粒结合较好,涂层中均有少量的孔隙率,NC83WY 涂层的孔隙率要低于 65wt% NiCr 固体自润滑涂层的孔隙率,NC83WY 涂层的金属性较强,其中部分可能是在喷涂过程中小部分石墨发生氧化而产生的。比较两种涂层,金属基相的含量较低,降低了涂层的强度,也降低了涂层的界面强度,这在一定程度上体现了涂层润滑性能与力学性能之间的矛盾。

两种涂层呈现典型的热喷涂层状结构,且 NC65WYB 中的涂层与基体的结合状况要差些,涂层中孔隙也较为明显,可能是喷涂过程中部分颗粒为充分熔化并且速度较低,在撞击基体时,颗粒的扁平化指数较低,不能和基体实现充分结合的缘故,甚至有些颗粒被反弹。另外,hBN 的加入改变了部分扁平粒子的表面能,使得涂层沿着 hBN 粒子边界产生应力集中,进而影响颗粒和基体的结合程度。等离子沉积 NiCr – WSe$_2$ – BaF$_2$ · CaF$_2$涂层的 XRD 图(图 5.3(g))既表明了涂层制备过程中保持了粉末的元素,涂层中含 NiCr、BaF$_2$、CaF$_2$、WSe$_2$、Y 及 BN 等。

图 5.4 所示为涂层表面的原始形貌,颗粒的熔融状态较好,夹生现象不明显,大部分颗粒达到涂层上呈现出扁平状,涂层内部的结合情况较好,仍有部分较大的颗粒在冲击的作用下产生了微裂纹,由于颗粒的氧化以及喷涂过程中粒

图 5.4　NiCr 基固体自润滑涂层表面 SEM 图像

(a)、(b)NC83WY 涂层; (c)、(d)NC65WYB 涂层。

子的反弹,导致涂层中存在一定的孔隙。另外,从图5.4(c)、(d)可以看出,涂层在制备过程中发生了一定的氧化,表面颗粒发生了轻微的再结晶现象。

## 2. Ni – WSe₂ – BaF₂ · CaF₂ – Y – Ag – (hBN)固体自润滑涂层的微观结构

在前述基础上,鉴于涂层具有较好的宽温域摩擦学性能,对不含 Cr 固体自润滑涂层的微观界面控制进行了分析。

图 5.5 所示为等离子喷涂制备的 Ni – WSe₂ – BaF₂ · CaF₂ – Y – Ag – hBN 涂层界面的 SEM 形貌与 XRD 图谱。图 5.5(a)、(b)中,N80WY 涂层和 N60WB 涂层均呈现典型的层状结构,涂层中的颗粒之间以及颗粒与基体之间的结合较好,同时含有少量的孔隙,对比 NiCr 基涂层的微观结构形貌(图 5.5),可以看出该系列涂层内部孔隙较少。这说明喷涂过程中部分颗粒明显得到改善。此外,hBN 粒子改变了微观界面特性,如图 5.5(b)所示。图 5.5(c)所示为 N80WY 和 N60WB 涂层的 XRD 谱图,显示涂层在保持喷涂粉末的基本相的基础上存在少量的氧化物(如 NiO)。

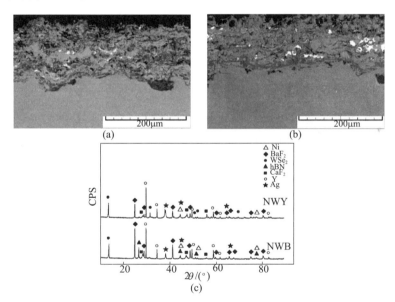

图 5.5　Ni – WSe₂ – BaF₂ · CaF₂ – Y – Ag – hBN 固体自润滑涂层的微观结构与 XRD 谱图
(a)NWY 固体自润滑涂层的 SEM 分析(一);(b)NWY 固体自润滑涂层的 SEM 分析(二);
(c)固体自润滑涂层的 XRD 光谱。

显然,N60WB 涂层和 N80WY 涂层的厚度要略低于 NC83WY 涂层和 NC65WYB 涂层的厚度,在喷涂的过程中,由于该粉末的密度要低于 NC83WY 涂层和 NC65WYB 涂层的复合粉末密度,粉末的上粉率要低些,且涂层的致密度要低于 NiCr 基涂层,特别是涂层表面及其以下部分,表面的粗糙度较大,呈现一定的疏松态,使得涂层的结合情况要差些。可能也是粒子的熔点较高,在加热的过程中没有能够很好地熔化,有更多的粒子在撞击基体时发生了反弹。另外,具有弱金属性的粉末在喷涂的过程中,相互间的结合不紧密,影响了涂层的界面结合质量。

### 5.2.2　Ni(Cr)基宽温域固体自润滑涂层的表面硬度

复合涂层的硬度是衡量涂层力学性能的重要指标,确保涂层能够抵抗外部压力以避免产生变形和破裂,同时,可以延长涂层的使用寿命。制备涂层的过程中,选用不同的材料、不同的制备工艺,涂层内部的微域结构与形貌不尽相同,其显微硬度也不尽相同。通常希望固体自润滑涂层拥有较长的服役寿命,要求涂层具备良好的力学性能和润滑性能,这就要求涂层的硬度不宜过低。目前,大多采用压入法测试涂层的显微硬度。

本书采用显微维氏硬度的测试方法,给定载荷将顶角为 136° 的方形金刚石压头压入材料表面,用负荷值除以压痕凹坑的表面积得到维氏硬度值。实验中,将喷涂后的试样经过抛磨制成金相,确保试样和基体密切接触,使得测得数据准确、可靠,维氏硬度用 HV 表示,即

$$HV = 0.102 \times \frac{F}{S} = 0.102 \times \frac{2F\sin\frac{\alpha}{2}}{d^2} \tag{5.1}$$

式中　$F$——负荷,N;

　　　$S$——压痕表面积,$mm^2$;

　　　$\alpha$——压头相对面夹角(136°);

　　　$d$——平均压痕对角线长度,mm。

实验设备依托美国 BUEHLER 公司生产的 MICROMET 5100 Series 全自动显微硬度系统(图 5.6)。实验过程中 NC83WY 涂层的载荷是 1.96N,NC65WYB 涂层的载荷是 0.98N,N51WB 涂层、N60WB 涂层、N69WY 涂层、N80WY 涂层所加的载荷均为 0.49N。

图 5.6　MICROMET 5100 Series 全自动显微硬度系统

## 1. Ni(Cr)基固体自润滑涂层压痕的微观特征

图 5.7 所示为 NC83WY 涂层和 N80WY 涂层进行显微硬度测试后,压头在表面留下的压痕,可以发现在压头压力的作用下,压痕区域变形充分,从图上看,压痕与涂层表面有明显的过渡区域显示涂层材料具有一定的塑性,在压痕边缘有裂纹,这是由于压头施加的能量由中心向外扩展,直至薄弱的地方发生裂纹,但是涂层中较亮的基相部分塑性较好,裂纹往往发生在较暗的区域,或者沿着较亮区域的边缘断裂。成分上两者基相的含量相当,但是纳米 Ni 对涂层硬度的贡献较小。

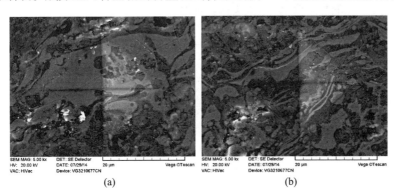

(a)　　　　　　　　　　　　　(b)

图 5.7　涂层硬度测试压痕 SEM 图像

(a)NC83WY 涂层; (b)NC65WYB 涂层。

## 2. Ni(Cr)基固体自润滑涂层压痕的显微硬度

表 5.4 所列为涂层硬度的测量结果,NC83WY 涂层和 NC65WYB 涂层的硬度相对较大,为其他几种涂层硬度的近 3 倍,其中,NC83WY 涂层的硬度最大,为 $430.2HV_{0.2}$,这是由于 NiCr 在涂层中含量较高的缘故。N51WB 涂层中纳米 Ni 的含量为 51%,可见 NiCr 作为基相构建的涂层硬度要大于由纳米 Ni 构建的涂层。通过对 N51WB 涂层到 N80WY 涂层的分析发现,Ni 的含量为 51% ~ 80% 不等,而涂层的硬度在 $150HV_{0.1}$ 左右,可见纳米 Ni 对涂层的硬度值影响不大,从测量的数据来看,硬度值的波动较大,可见组成涂层的各相在涂层中的分布不均匀,材料的不均匀导致涂层结构的不均匀,进而体现出在不同的测试点的硬度值相差较大,最大为 $222HV_{0.1}$,最小值为 $95HV_{0.1}$。

表 5.4　复合涂层硬度测试结果

| 涂层 | 维氏硬度测定/$HV_{0.2,0.1}$ | 维氏硬度/$HV_{0.2,0.1}$ |
|---|---|---|
| NC83WY | 486　494　408　393　370 | 430.2 |
| NC65WYB | 256　454　536　454　318 | 403.6 |

| 涂层 | 维氏硬度测定/$HV_{0.2,0.1}$ | | | | | 维氏硬度/$HV_{0.2,0.1}$ |
|---|---|---|---|---|---|---|
| N51WB | 101 | 135 | 151 | 160 | 189 | 147.2 |
| N60WB | 109 | 108 | 164 | 201 | 174 | 151.2 |
| N69WY | 116 | 170 | 198 | 114 | 157 | 151.0 |
| N80WY | 118 | 222 | 199 | 95 | 118 | 150.4 |

注：NC83WY 涂层和 NC65WYB 涂层硬度值单位为 $HV_{0.2}$，N51WB ～ N80WY 为 $HV_{0.1}$。

### 5.2.3　固体自润滑涂层结合强度

涂层的结合力可以有两种形式测得：一种是涂层和基体分离时单位面积上所需的最小力；另一种是以剥离功来表示的能量形式。本实验严格按照《热喷涂层结合强度测定》GB 8642—88 进行试样的设计，实验之前通过胶将喷有涂层的试样与基体黏在一起，实验选用的胶为环氧树脂和酚醛树脂两者的混合胶，两者按照1∶1比例混合，黏的过程中注意确保试样与基体的对中性，并在 120℃ 的恒温环境中加热使得胶与试样充分结合，时间 6h，而后冷却至常温。每种类型的涂层制备 5 个拉伸试样，采用多次测量取平均值的方法。然后根据断裂的位置判断强度的类型，若是发生在黏结剂内的断裂，则实验结果为黏结剂的结合强度，若断裂发生在涂层与基体之间，则强度代表涂层与基体的结合强度，若断裂发生在涂层内部，则强度为涂层自身的结合强度。

实验采用 858Mini Bionix Ⅱ 实验机，夹持部位的直径约为 16mm，均匀连续加载，记录涂层断裂时的最大载荷，计算得到 Ni(Cr) 固体自润滑涂层的结合强度。

#### 1. Ni(Cr) 基固体自润滑涂层结合强度

实验采用多次测量取平均值的方法对各个涂层的结合强度进行测试，NC83WY 涂层和 NC65WYB 涂层的结合强度实验结果如表 5.5 所列。

显然，NC83WY 涂层的结合强度明显大于 NC65WYB 涂层的结合强度，其平均结合强度约是 NC65WYB 涂层的 2 倍，NC83WY 涂层的组成成分中 NiCr 的含量较高，其润滑相含量较低，且不含有抗黏结相 hBN，喷涂的复合粉末的金属性较强，可以实现更多的冶金结合的形式，NiCr 在喷涂过程中熔化较好，起到粉末间黏结剂的作用，同时，颗粒的相对密度较大，可以获得较大的动能，与基体碰撞变形充分，颗粒间的结合强度较好，结构紧凑，涂层的结合强度较高。NC65WYB 涂层中含有较多的固体润滑剂，石墨呈层状结构，晶面之间的剪切应力较低，在外力的作用下会发生断裂和偏移，石墨的高含量必然会降低涂层强度，较低的基相含量，降低了涂层中颗粒与基体产生冶金结合的概率，弱化了涂层的结合强度。

表 5.5　涂层的结合强度

| NC83WY 涂层 | 1 | 2 | 3 | 4 | 5 | 平均结合强度 |
|---|---|---|---|---|---|---|
| 结合强度(MPa) | 38.33 | 28.48 | 34.79 | 42.65 | 31.22 | 35.09 |
| NC65WYB 涂层 | 1 | 2 | 3 | 4 | 5 | 平均结合强度 |
| 结合强度(MPa) | 22.86 | 13.62 | 15.56 | 14.20 | 20.00 | 17.25 |

## 2. Ni(Cr)基固体自润滑涂层的拉伸断面特征

图 5.8 所示为涂层拉伸断面的 SEM 图像。从断面的形貌上看,断面很粗糙,表面很不规则,凹凸不平,甚至有沟壑。如图 5.8(c)所示,有一条较大的沟壑,图 5.8(b)、(d)所示为与涂层试样对拉面的断后形貌。可以看出 NC65WYB涂层的剥离物要明显大于 NC83WY 涂层,在表面凸起部分呈岭状分布,与图 5.8(c)中较大的沟壑相吻合。NC83WY 涂层的基体表面形貌较为细腻,表面凹凸不平,呈坑状和土丘交替分布。

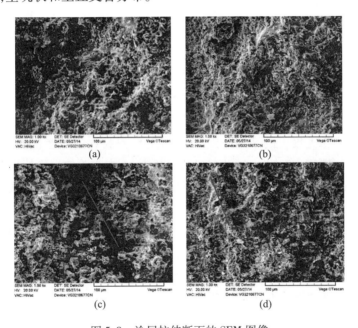

图 5.8　涂层拉伸断面的 SEM 图像
(a)NC83WY 涂层断面;(b)NC83WY 涂层对拉样断面;
(c)NC65WYB 涂层断面;(d)NC65WYB 涂层对拉样断面。

涂层的拉伸强度受涂层内部的界面强度以及基体表面状态的影响。断面形貌显示,较脆的氟化物在高速度撞击基体过程中会发生破碎,在涂层中形成气孔及微裂纹,在拉伸载荷的作用下,加上石墨的低剪切应力,在微裂纹和气孔处会首先发生涂层的断裂,表现为一定的沿晶断裂现象。NC83WY 涂层的断裂面更加复杂,断裂过程需要克服更大的阻力,具有较高的结合强度。

# 5.3 NiCr – BaF$_2$·CaF$_2$ – WSe$_2$自润滑涂层的宽温域摩擦学特性

本节分别选择 25℃、500℃、700℃和 800℃作为研究涂层自润滑性能的温度环境,鉴于高温自润滑研究较为重要的情况,主要研究涂层在 500℃和 800℃下的自润滑性能。最后考察涂层在室温条件下的摩擦情况。

## 5.3.1 摩擦磨损实验设计

常温摩擦实验选用的设备是济南益华摩擦学测试技术有限公司生产的 MMW – 1A 型组态控制万能摩擦磨损实验机。该设备采用比较先进的过程控制原理,将网络技术、组态技术和工业计算机进行有机地结合,测试范围较广,自动化程度较高。载荷可以在 10 ~ 1000N 范围内进行无级调速,主转速为 1 ~ 2000r/min,温度的变化范围为室温到 300℃。

高温摩擦实验选用瑞士 CSM 公司生产的高温摩擦磨损实验机,可以实现室温到 1000℃的摩擦学特性测量。实验的气氛可选择氮气或空气,转速为 0 ~ 1700r/min,最大负荷为 70N,可以有效评价不同材料在不同环境气氛、不同温度及不同摩擦速度下的摩擦磨损行为,检验润滑材料的减摩抗磨效果。实验试样的要求为厚度 $h < 100$mm,直径 $\phi 30 ~ 45$mm。本实验的试样标准为 $\phi \times h = 30$mm $\times 8$mm 的小圆柱体。本实验选择的参数:速度为 0.240m/s,载荷为 10N,温度为 500℃和 800℃,时间为 60min。

摩擦实验中选用的对磨件为 Si$_3$N$_4$陶瓷球,直径为 6mm,硬度为 1600HV,粗糙度为 $Ra \leqslant 0.2$mm。摩擦后磨损体积的测量通过设备的表面轮廓仪来测量。

为获得高性能涂层,材料之间的协同作用比较重要,性能优越的复合涂层需要用合适的工艺将复合粉末制备成涂层。

## 5.3.2 常温磨损实验结果及分析

### 1. 常温摩擦分析

图 5.9 所示为 N51WB 固体自润滑涂层在常温下的摩擦曲线,摩擦系数随着时间的变化呈现上升的趋势,前 260s 的上升趋势较为明显,随后摩擦系数在 0.185 左右上下波动,整个摩擦过程的稳定性较差,波动现象明显。在 260s 和

500s 开始有两次较大的波谷出现。在 100s、200s 和 250s 左右摩擦系数有短暂的稳定阶段,但是持续时间约为几秒。而后呈现的是较为稳定的波峰波谷状,总的摩擦系数在 0.166~0.193 之间,涂层的润滑性能较好。

图 5.10 所示为 N69WY 固体自润滑涂层的摩擦曲线,涂层上升和下降交替的现象较为明显,并且具有一定的规律性,刚开始时的摩擦系数就能够达到接近稳定状态下的数值,而后经过迅速增大到相对稳定再到迅速降低这样一个过程,且周期大约为 100s。从波峰和波谷的相对变化来看,都经历一个先变小再变大的过程。总体的摩擦系数呈现上升的趋势,摩擦过程中呈现较大的突变现象,最大的跳幅约为 0.1。并且波峰和波谷的周期随着摩擦的进行也会呈现增加的趋势,第四个周期约为 300s。和 N51WB 涂层的摩擦过程相比,N69WY 涂层的润滑性能相对较差,摩擦系数的波动空间较大,在 0.16~0.29 之间。

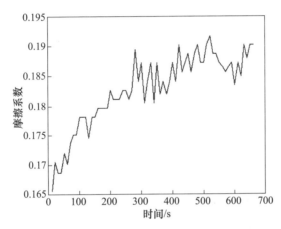

图 5.9　N51WB 的摩擦曲线

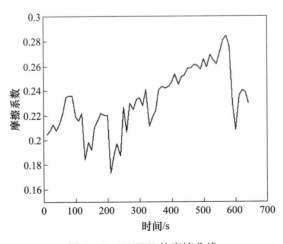

图 5.10　N69WY 的摩擦曲线

## 2. 常温磨损

图 5.11 所示为 N51WB 和 N69WY 固体自润滑涂层常温(25℃)摩擦后磨痕的微观形貌及能谱图。图 5.11(a)、(b)所示为 N51WB 固体自润滑涂层的磨痕形貌,可以看出,磨痕不明显,对磨件在表面留下的摩擦痕迹较为明显,呈现较好的方向性。图 5.11(b)显示,磨痕表面相对较为平整,也有因为润滑剂消耗而暴露出的较为粗糙的骨架结构,主要的磨损形式为材料的转移,即润滑剂的消耗,同时也伴随着表面材料的疲劳剥落现象。

图 5.11(c)、(d)所示为 N69WY 固体自润滑涂层的磨痕形貌,其磨痕较宽,表面较为粗糙,没有留下明显的摩擦后的痕迹,其磨损形式为表面涂层材料的剥落。磨痕区域较多的颗粒物是摩擦过程中随着涂层材料的剥落,硬质颗粒物在摩擦副间的滚动造成表面产生的磨屑,这也是一种重要的磨损形式。

对比图 5.11(a)、(c)可以看出,N51WB 涂层的磨痕要明显小于 N69WY 涂层的磨痕,并且 N51WB 涂层在摩擦后的痕迹相对比较光滑平整。EDS 的分析来看(图 5.11(e)、(f)),能谱中含有 Fe 元素,这是由于摩擦副上的材料发生了转移的原因,且摩擦后的磨痕表面中含有氧元素,可能是由于涂层成分中含有 NiO 及摩擦过程发生轻微氧化的缘故。

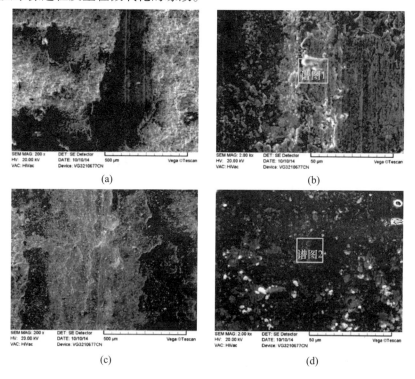

(a)

(b)

(c)

(d)

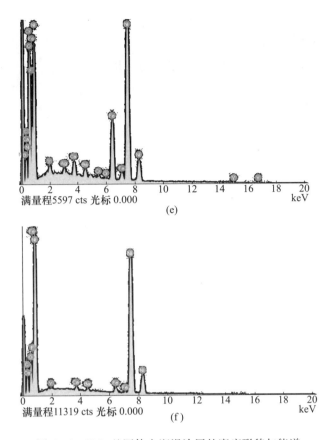

图 5.11 NiCr 基固体自润滑涂层的磨痕形貌与能谱

（a）、（b）N51WB 磨痕；（c）、（d）N69WY 磨痕；（e）N51WB 的 EDS 分析；（f）N69WY 的 EDS 分析。

## 3. 常温润滑机理

从涂层的组成成分来看，N51WB 固体自润滑涂层的主要组成为 $Ni-13.6BaF_2-4.8CaF_2-20WSe_2-2Ag-3Y-4hBN$，N69WY 的主要组成为 $Ni-6.2BaF_2-3.8CaF_2-15WSe_2-3Ag-3Y$。在室温环境下，N51WB 涂层的 $WSe_2$ 含量较高，为 20wt%，涂层中的纳米 Ni 在涂层中发挥的骨架作用不明显，主要发挥骨架作用的是高温润滑相——$BaF_2 \cdot CaF_2$。显然，在室温环境中，它们的脆性较好、质地较硬。N51WB 的润滑以 $WSe_2$ 润滑为主，而 N69WY 涂层中的 $WSe_2$ 含量较低，低温相和高温润滑相的含量相当，骨架和润滑剂的含量差别不大，涂层润滑性能较差，摩擦过程中以牺牲材料的方式实现润滑，涂层的磨损严重。

从涂层的磨损形式看，N51WB 涂层的磨痕较窄且光滑，主要的磨损形式为材料的转移和浅层疲劳剥落。N69WY 涂层的磨痕较宽，摩擦面的粗糙度较大，主要的磨损形式为疲劳剥落和磨屑磨损。整个过程来看，摩擦副间除轻微的氧化外,主要表现为物理失效。即,起初磨损时,摩擦副的接触面积较小,摩擦系数相对较低,N51WB 涂层的磨痕较浅、面积较小,显示的摩擦系数和磨损量较低;随着磨损过程推进,接触面积增大,更多的润滑相进入接触表面,也接触到了更多的非润滑相,且由于二者硬度比值的差异会导致其摩擦系数随着接触面的增大而升高。在摩擦过程中,N51WB 固体自润滑涂层表面出现短暂的摩擦平稳阶段,这是由于润滑相的含量较高,会在涂层表面出现较为完整或者面积较大的润滑膜。N69WY 涂层中的 $WSe_2$ 含量相对较低,出现这样的机会较低。此外,稀土 Y 的加入对提高涂层的质量具有一定的影响,这也可以从涂层的磨损过程看出,往往较高质量的涂层具有相对较高的寿命水平。

而且 N69WY 和 N51WB 涂层的摩擦曲线呈现出摩擦波动的周期性,可以理解为摩擦过程的周期性,也可以理解为涂层表面材料的周期性剥落。具体的过程:摩擦初期,石墨的存在使得涂层具有一定的润滑性,随着石墨的消耗,摩擦副在运动过程的阻力很快增加,直接参与摩擦的这一表面很快会被破坏,产生大量的剥落碎片,在后续的摩擦过程中,这些碎片会不断形成颗粒,随着新的摩擦面的产生和这些颗粒物的存在,使得摩擦系数瞬间达到谷底,这可能就是摩擦过程波峰和波谷的快速变化的原因。常温摩擦机理可以理解为骨架—润滑剂型涂层润滑机理,区别于高温下的表面釉质层的摩擦情况。特别是 N69WY 涂层反映更为直观。涂层中较硬的组分担任骨架,较软的为润滑材料,摩擦过程中润滑剂在摩擦副间起减摩作用。随着摩擦的进行,会有源源不断的润滑剂被挤压到表面,来弥补表面润滑剂的损失。为此,涂层骨架的含量和润滑剂的含量要有一个适当的比值才能确保这样的模式顺利进行,如果它们之间的相对关系不在这样一个比较恰当的范围内,骨架的作用不明显,润滑剂不能及时填充到摩擦表面,主要以材料的转移和疲劳剥落消耗为主,并导致涂层具有较大的摩擦系数和磨损量。

### 5.3.3 高温磨损实验结果及分析

#### 1. NiCr 基固体自润滑涂层的宽温域摩擦系数测试

采用 CSM 高温摩擦磨损实验机,对制备的 Ni(Cr)基固体自润滑涂层不同温度下的摩擦系数与磨损量进行了测试。图 5.12 所示为等离子沉积 NiCr – $WSe_2$ – $BaF_2$ · $CaF_2$ – Y – Ag – hBN 高温固体自润滑涂层宽温域(30 ~ 800℃)摩擦系数。图中显示,NC83WY 和 NC65WYB 宽温域固体自润滑涂层在室温到 800℃内的摩擦系数为 0.18 ~ 0.75、0.23 ~ 0.38。在常温时宽温域自润滑涂层的摩擦系数较小,随着摩擦温度升高,NC65WYB 涂层的摩擦系数会随之增大;NC83WY 固体自润滑涂层的摩擦系数在温度为 500℃时达到 0.75,随后下降。

图 5.12（b）所示为 NC83WY 和 NC65WYB 涂层的磨损速度，NC83WY 与 NC65WYB 涂层的磨损速度分别为 $2.54 \times 10^{-6} \sim 14.3 \times 10^{-6} \mathrm{mm}^3 \cdot /(\mathrm{N} \cdot \mathrm{m})$ 和 $5.47 \times 10^{-6} \sim 24.6 \times 10^{-6} \mathrm{mm}^3/(\mathrm{N} \cdot \mathrm{m})$，NC65WYB 固体自润滑涂层的磨损率高于 NC83WY 涂层。说明在 10N 作用下，NC65WYB 涂层的磨损量高，显然随着润滑相含量的增加，涂层的力学性能有所下降。

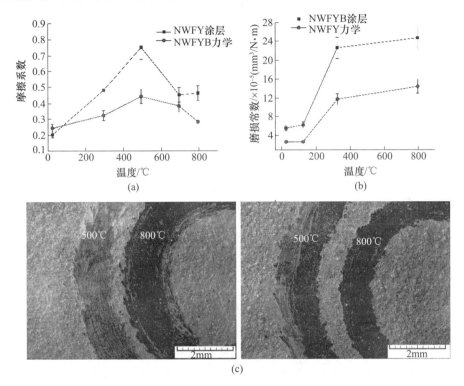

图 5.12　NC83WY 和 NC65WYB 高温固体自润滑涂层摩擦系数

（a）涂层的摩擦系数；（b）涂层的磨损常数；（c）涂层摩擦表面。

## 2. Ni 基固体自润滑涂层的宽温域摩擦系数

由上可知，N65WYB 涂层的摩擦宽温域摩擦系数相对较小，但是能不能进一步减小摩擦系数，一方面考虑能否降低 Cr 元素的含量来改善涂层所应用的摩擦副环境，另一方面提高涂层的综合性能水平，在前述基础上，课题组开展了 $\mathrm{Ni} - \mathrm{WSe}_2 - \mathrm{BaF}_2 \cdot \mathrm{CaF}_2 - \mathrm{Y} - \mathrm{Ag} - (\mathrm{hBN})$ 高温固体自润滑涂层的摩擦学性能研究，着重选择了 N80WY 和 N60WB 涂层进行分析。

图 5.13 所示为等离子沉积 $\mathrm{Ni} - \mathrm{WSe}_2 - \mathrm{BaF}_2 \cdot \mathrm{CaF}_2 - \mathrm{Y} - \mathrm{Ag} - \mathrm{hBN}$ 高温固体自润滑涂层（$30 \sim 800 ℃$）摩擦系数。图中显示，当在 30N 载荷作用下，N80WY 和 N60WB 固体自润滑涂层的摩擦系数分别为 0.142 ~ 0.427、0.185 ~ 0.299。

在调整涂层各相成分比例后,与前述摩擦系数相比明显下降。在常温时 N80WY 与 N60WB 高温自润滑涂层的摩擦系数较小,但随着摩擦温度的升高,摩擦系数也随之增大,当实验温度为 500℃ 时,N80WY 固体自润滑涂层的摩擦系数为 0.427,而当温度继续升高后,涂层的摩擦系数呈下降趋势。相比较,N60WB 固体自润滑涂层在宽温度范围内均保持较低的摩擦系数,平均摩擦系数达到 0.268。涂层中添加的 hBN,促进了各相(如 $WSe_2$、$BaF_2$·$CaF_2$、$Ag$)在各温度下的协同润滑,尤其是在 500℃ 时涂层摩擦表面完成了低温自润滑相占主导作用向高温自润滑相占主导作用的平稳转变,摩擦系数未发生明显跳动。

图 5.13(b)所示为 N80WY 和 N60WB 涂层的磨损速度随温度的变化情况,N80WY 与 N60WB 涂层的磨损速度分别为 $0.8 \times 10^{-4} \sim 6 \times 10^{-4}\ mm^3/(N \cdot m)$ 和 $0.9 \times 10^{-4} \sim 10 \times 10^{-4}\ mm^3/(N \cdot m)$,显示出 N60WB 固体自润滑涂层的磨损率高于 N80WY 涂层。经过摩擦测试(图 5.12(c)),N60WB 划痕比较宽,而 N80WY 表面划痕窄且浅。N80WY 和 N60WB 的平均硬度分别为 $151.1 HV_{0.2}$ 和 $147.2 HV_{0.2}$,N80WY 涂层硬度高于 N60WB 涂层硬度,表明随着润滑相含量的增加,涂层的力学性能有所下降。

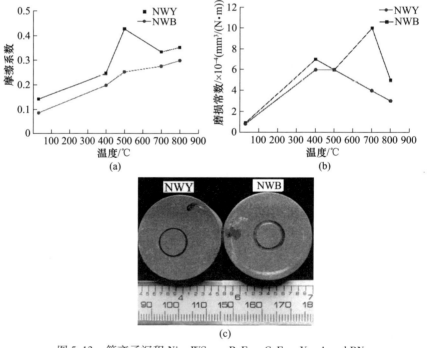

图 5.13　等离子沉积 $Ni$ – $WSe_2$ – $BaF_2$·$CaF_2$ – $Y$ – $Ag$ – $hBN$
高温固体自润滑涂层摩擦系数与磨痕形貌
(a)摩擦系数;(b)磨损常数;(c)摩损表面。

分析发现,相对于国内外研究的典型成果(表5.6),本研究设计的涂层主要解决了400~500℃之间的摩擦系数较大的问题。在载荷10N时400~800℃区域的摩擦系数波动范围为0.148,在载荷30N时400~800℃区域的摩擦系数波动范围为0.046;在400~500℃之间的摩擦系数分别达到0.333和0.253。

表5.6 与国内外相关技术方案的摩擦系数对比

| 涂层类型 | 载荷 | 25℃ | 400℃ | 500℃ | 600℃ | 650℃ | 700℃ | 800℃ | 波动范围 |
|---|---|---|---|---|---|---|---|---|---|
| N60WB | 10N | 0.185 | — | 0.333 | — | — | 0.247 | 0.298 | 0.148 |
| | 30N | 0.096 | — | 0.253 | — | — | 0.276 | 0.299 | 0.046 |
| CN104278226 A | | 0.38 | 0.42 | — | 0.27 | | | 0.25 | 0.17 |
| PS304 | 5N | 0.31 | — | 0.25 | — | 0.23 | — | — | 0.08 |
| PS400 | 5N | 0.31 | — | 0.16 | — | 0.21 | — | — | 0.15 |
| PS400 – BN | | 1.3 | — | 0.35 | — | 0.36 | — | — | 0.95 |

### 3. NC83WY 与 NC65WYB 涂层的磨损机制

图5.14给出了$NiCr - WSe_2 - BaF_2 \cdot CaF_2$固体自润滑涂层在不同温度环境下的摩擦形貌。其中,图5.14(a)、(e)所示为常温状态下涂层的磨损区域特征,显示出涂层具有一定的自润滑能力。相对而言,在500℃时,涂层表面有大量的裂纹,较为严重的剥落现象,剥落层边缘存在较强的氧化现象,如图5.14(a)所示,剥落层源于扁平粒子边界表现为疲劳剥落。而NC83WY涂层磨损区域的EDS分析发现表面氧的含量较高,结合发现涂层摩擦系数较高,说明涂层中存在$Cr_2O_3$,会诱发涂层表层产生微裂纹,扩展到表面后造成涂层剥落(图5.14(b)、(d))。其次,$BaF_2$和$CaF_2$未能很好地完成脆性到塑形的转变,该温度下的不完善结构破坏了单纯润滑相的高润滑性能,产生较大的摩擦系数。在800℃的环境中(图5.14(c))涂层表面磨损区域边缘存在明显氧化,但涂层表面剥落较少,存在表面的氧化和润滑相转移,实现了很好的润滑效果。

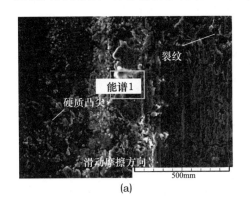

(a)

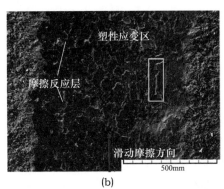

(b)

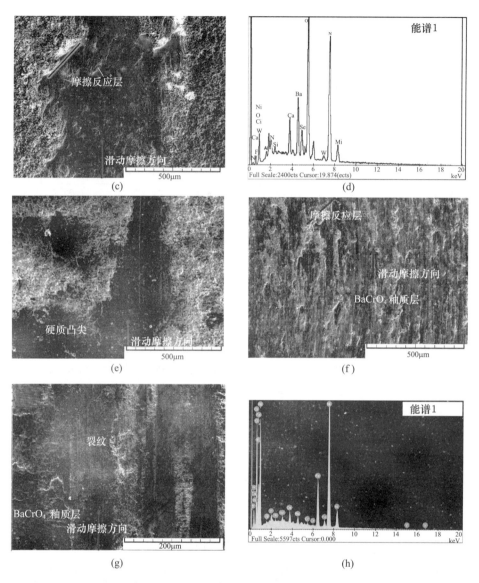

图 5.14　Si₃N₄ 对磨后的磨损表面 SEM 形貌

( ( a ) NC83WY25℃；( b )500℃；( c )and800℃；( d )图( b )的 EDS)

( e )NC65WYB25℃；( f )500℃；( g )800℃；( h )EDS)

相比较,在 500℃时 NC65WYB 涂层的塑性较为明显( 图 5.14( f ) ),除剥落外,表面还存在较多划痕以及颗粒物富集。磨损区域边缘存在氧化,磨损区表面有较多凹坑。在 800℃时( 图 5.14( g ) ),涂层表面磨损区域较为光滑,此时尽管也发生氧化,但剥落缺陷不明显( 与图 5.14( f )比较),氧化也没有 NC83WY 涂层的明显( 与图 5.14( c )对比)。这说明 NC65WYB 涂层内各物相之间的协同性能较好,有效抑制了氧化和磨损,摩擦表面甚至产生了具有较好的可塑性和附着性的摩擦产物层。

从理论上讲,高温下涂层表面存在着高温氧化这一影响因素,表面会形成一定程度的釉质层和氧化磨损以及材料的选择性转移等复杂情况。研究表明,镍基合金涂层在600℃左右会形成氧化釉质层。它的形成机制和氧化速度及磨损速度有关系。釉质层具有一定的自适应性,在高温摩擦时,呈现无规则的玻璃态,且受环境的影响,如增大载荷,釉质层的覆盖范围也会增加。氧化过程中涂层中的石墨会被氧化,在表面留下空洞,润滑膜破坏后的颗粒碎片等会在孔洞中聚集,伴随着这样的过程,最终在涂层表面会形成一层完整的氧化物润滑膜。针对此,涂层磨损区域的 XPS 分析(图 5.15),可以看到涂层表面致密的氧化膜主要由 $NiO$、$Y_2O_3$、$Cr_2O_3$ 及 $BaCrO_4$ 组成,特别是 $BaCrO_4$ 在高温环境下是一种较好的固体润滑材料,且热稳定性较好,能有效降低摩擦系数,NC65WYB 涂层良好的摩擦性能显然与生成 $BaCrO_4$ 有关。而氧化覆盖层的形成和剥落层及氧化物颗粒有关,脱落颗粒的氧化加上摩擦过程中的挤压黏结成致密的氧化物层。

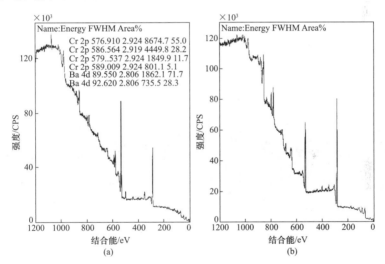

图 5.15　NC83WY 和 NC65WYB 在 800℃下的 XPS 图像
(a)NC83WY; (b)NC65WYB。

### 4. N80WY 与 N60WB 涂层的宽温域摩擦学机制

图 5.16 所示为 N80WY 涂层在不同温度状态的磨损形貌。图中显示,N80WY 涂层不能在表面形成完整的润滑膜。500℃下涂层的磨痕明显宽于800℃下涂层的磨痕。800℃下的氧化现象相比于 500℃ 更加明显。从图 5.16(a)、(b)中可以看出,500℃涂层的表面较为粗糙,存在大量的剥落、

坑和塑性变形,表面不平整,不光滑,摩擦过程中有大量的裂纹产生。在机械应力和热应力的共同作用下,润滑膜逐渐变薄,进而产生裂纹,裂纹不断扩展出现大面积的剥落现象,可能与喷涂涂层的内部层状结构形式有关。图5.16(b)反映涂层还存在大量剥落,表面的裂纹还在不停地扩展,露出的新涂层面较为粗糙,剥落层边缘氧化现象严重,表面有明显的凹坑。图5.16(c)、(d)所示为800℃下涂层表面磨痕,磨痕表面较为光滑,图5.16(d)还反映,表面形成一层致密的鱼鳞状的氧化物,表面剥落的现象随着氧化膜的生成而消失,表面有一些细小的划痕,涂层的主要磨损形式为黏着磨损和氧化磨损,氧化膜较厚,经得起长时间的摩擦,实现了高温下的润滑剂效果。

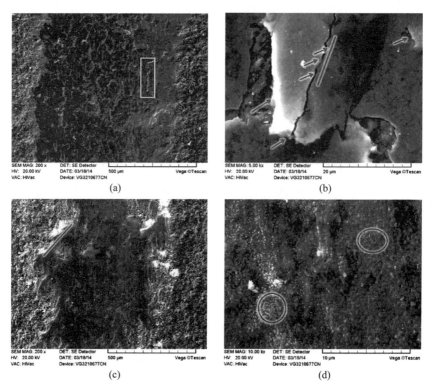

图5.16　N80WY涂层磨损后涂层表面SEM图像

(a)、(b)500℃下磨痕;(c)、(d)800℃下磨痕。

从磨损量来看,N80WY涂层的磨损量小于N60WB涂层的磨损量,且800℃环境中的磨损量达到最低,此时,N60WB涂层的摩擦系数没有达到最低,但是良好的表面结构和一定的力学性能,使得涂层的磨损率得到很大降低,很好地实现了高温下的减摩抗磨功能。图5.16(d)中涂层表面密集的鱼鳞状的氧化物层为在高温下形成的氧化物釉质层。涂层在高温高强度的摩擦作用下,常温的润滑相不再起作用,大多靠摩擦过程中生成的氧化物实现润滑,这就存在氧化磨损这样一种轻微的磨损形式,当表面的氧化膜在一定的临界温度达到一定厚度时,氧化膜就会在外力的作用下发生破裂,因此,尽管表面的氧化物润滑相分布再多,都难免会发生轻微的氧化磨损。

图 5.17 显示 N60WB 涂层的摩擦表面氧化现象较 N80WY 涂层更加明显。特别是图 5.17(c)所示的 800℃下的 N60WB 涂层,表面较为光滑,有一些坑和轻微的划痕存在,摩擦区域出现明暗交替分布带,反映摩擦过程中材料的转移。摩擦过程中,在涂层表面会发生润滑膜的脱落,产生坑、槽和颗粒。颗粒在挤压力的作用下,在涂层的缺陷中发生的重填,而后出现新的接触面,如此循环往复,同时,涂层不断地被氧化,从图上看,N60WB 涂层的磨痕要宽于 N80WY 涂层的磨痕。材料的磨损率主要取决于材料的物理力学性能、摩擦过程中转移膜的生成速度以及和表面黏着的牢固程度。

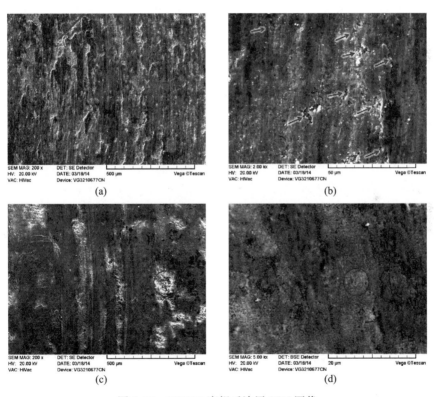

图 5.17　NW60B 磨损后涂层 SEM 图像
(a)、(b)500℃下磨痕;(c)、(d)800℃下磨痕。

500℃下涂层的磨损表面最为粗糙,表面的润滑膜不连续,表面有大量的剥落现象,存在不少的坑槽和微裂纹,磨损形式为剥落、微犁耕和塑性变形,可见

$WSe_2$ 在这样的环境中发生了退化,涂层的磨损量也达到最大。N60WB 涂层中 $WSe_2$ 的含量较低,为4.9%左右,氟化物的含量达到22.1%。500℃环境下,涂层软硬交织的现象较为严重,N60WB 涂层的润滑效果较差,且伴随着较大的磨损量,一些较硬的颗粒没有进行充分的软化就会脱落掉,导致涂层的磨损量较大,另外,在喷涂的过程中涂层的孔隙率相对较高,涂层的结合强度较低,影响着涂层的力学性能和使用寿命。800℃环境下,涂层的润滑性能达到最佳状态,生成大量的高温润滑相——氧化物,涂层表面覆盖了一层致密的氧化物薄膜,润滑性能较好。此时,涂层主要磨损形式为犁耕效应和黏着磨损。

随着磨损的进行,有源源不断的氧化物补给,保证了涂层的润滑性能,经过一个完整的氧化挥发到产物层磨损脱落再到产物层再次形成过程。但相比 N80WY 涂层而言,涂层塑性的增强,使得摩擦系数降低的同时,带来了力学性能的下降,涂层磨损量增加。该类涂层的摩擦系数相对较低,其原因何在?

为此,采用 XPS 研究了不同温度环境下的磨损表面。图5.18(a)、(b)分别为 N80WY 与 N60WB 涂层在500℃磨损表面的 XPS 图谱。分析显示,当温度低于500℃时,涂层中的 $WSe_2$ 均保持了一定含量,当温度超过700℃时,磨损区域表面的 $WSe_2$ 含量明显降低,如图5.16(c)~(d)所示,说明在较低温度状态不含 Cr 固体自润滑涂层摩擦系数小的主要原因在于 $WSe_2$ 为主发挥润滑作用。当环境温度超过500℃时(图5.18(e)~(f)),N80WY 与 N60WB 涂层中均在高温环境下形成 $(NiF_6)^{2-}$,并与涂层中的金属离子形成化合物,在高温环境下起自润滑作用。相比之下,含 hBN 的 N60WB 固体自润滑涂层,当结合能为188eV时,涂层中均含有 hBN 的相关能谱,而当温度发生变化后,当结合能为193eV时,在高温环境(大于500℃)下出现不同程度的 $B_2O_3$ 氧化物,如图5.18(g)所示。显然,hBN 的引入为离子的氧化扩散提供了通道,促进涂层内部 $B_2O_3$ 的生成,进而为 $(BO_3)^{3-}$ 的形成奠定基础,使得不含 Cr 涂层在高温状态下以 $(BO_3)^{3-}$ 和 $(NiF_6)^{2-}$ 与金属离子产生氧化物釉层为主的协同自润滑能力。

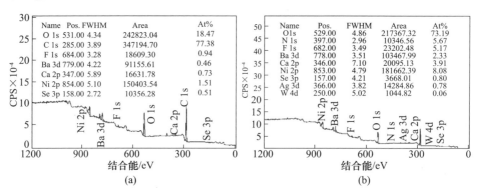

(a)                                        (b)

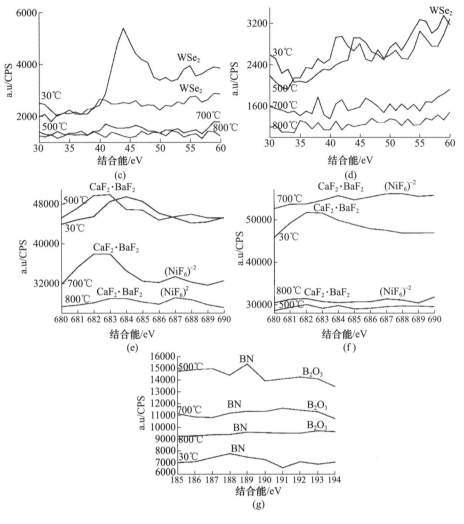

图 5.18　N80WY 和 N60WB 涂层的表面 XPS 分析

（a）、（c）、（e）N80WY 涂层；（b）、（d）、（f）、（g）N60WB 涂层。

## 5.3.4　涂层自润滑性能的影响因素分析

### 1. 金属氧化膜的影响

涂层表面生成较为完整的金属氧化膜时,涂层才会有较好的润滑性能,有一种判断润滑膜是否完好的方法,就是通过计算生成氧化物的体积与涂层消耗的金属体积的比值（用 $\gamma$ 表示）,即判断 P - B 比的方法。其计算公式为

$$\gamma = \frac{V_{OX}}{V_M} = \frac{M\rho_M}{nA\rho_{OX}} = \frac{M\rho_M}{m\rho_{OX}} > 1 \tag{5.2}$$

式中　$M$——金属氧化物的分子量；

　　　　$A$——金属原子量；

　　　　$n$——金属价态；

　　　　$\rho_M$——金属密度；

　　　　$\rho_{OX}$——金属氧化物密度。

在实际的判断过程中，只有 $\gamma > 1$ 时，氧化物膜才具有完整性，但是如果 $\gamma$ 值很大时，产生的氧化膜较多，也会产生氧化膜脱落的现象，氧化膜也会失效。常见的氧化物的 $\gamma$ 值如表 5.7 所列。

表 5.7　常见金属氧化物的 $\gamma$ 值

| 有保护性 | $\gamma$ | 无保护性($\gamma$ 过大) | $\gamma$ | 无保护性($\gamma$ 过小) | $\gamma$ |
|---|---|---|---|---|---|
| $Cr_2O_3$ | 1.99 | $MO_3$ | 3.40 | $MgO$ | 0.99 |
| $SiO_2$ | 2.27 | $V_2O_5$ | 3.18 | $BaO$ | 0.74 |
| $ZnO$ | 1.62 | $WO_3$ | 3.40 | $CaO$ | 0.65 |
| $FeO$ | 1.77 | $NbO_6$ | 2.68 | $SrO$ | 0.65 |
| $TiO_2$ | 1.95 | $Sb_2O_5$ | 2.35 | $NaO$ | 0.58 |
| $Co_3O_4$ | 1.99 | $Ta_2O_5$ | 2.33 | $Li_2O$ | 0.57 |
| $NiO$ | 1.52 | $Bi_2O_5$ | 2.27 | $K_2O$ | 0.45 |

NC65WYB 涂层的磨损量高于 NC83WY 涂层的磨损量，在低温下是由于较高的摩擦系数带来的高磨损，而在高温下则是由弱的力学性能带来大量的磨损。NC65WYB 涂层在高温下呈现明显松软的迹象，一是因为涂层基相的含量较低，润滑相较高，高温下材料的流动性较差，润滑相之间的亲和力较差，摩擦使得涂层的表面更加复杂；二是因为涂层表面以下的 $WSe_2$ 发生分解，使得涂层表面有较多的孔隙，影响表面的致密性和结构的完整性。

### 2. 基体对复合自润滑涂层的影响

基体对固体复合涂层性能有着较大的影响，基材越硬，润滑膜的摩擦系数越小，使用寿命越长。如果基材和对磨材料的延展性越好，且硬度较高，加上对磨件的表面粗糙度适当($6 \sim 12\mu m$)，涂层的磨损就越小。润滑膜的热膨胀系数应当与所选基材相近最好，基体的热传导系数大的较好。从纵向上看，摩擦系数在涂层内部的分布是不一样的，摩擦系数随着涂层深度的变化而变化，若是硬膜镀在软基材上，由表面向下会出现一个最大摩擦系数区域，相反，在硬基材上镀较软的膜，在镀层中会有一个最小摩擦系数区域。

实验选用的基体为 GH4145 高温合金钢，硬度较高，而自润滑涂层较软，属于软膜镀在硬基上的情形,可有效发挥涂层的润滑效果。另外,在 NC65WYB 涂层高温摩擦过程中,摩损较大,摩擦前后磨痕的深度较深,从图 5.19 看,摩擦系数不是很平稳,这种系数的变化反映涂层在纵向上摩擦系数的变化情况。例如,NC65WYB 涂层在 500℃下进行摩擦,随着摩擦的进行,在 2400s 时摩擦系数达到最小,而后上升,但低于 2400s 以前的水平,一定程度上说明涂层的厚度会影响涂层的摩擦系数,验证了在硬基上的软膜内存在一个最小的摩擦系数区。

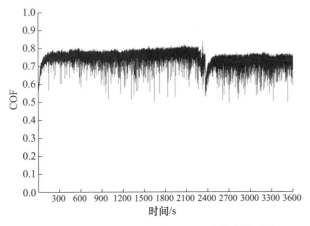

图 5.19  NC65WYB 涂层在 500℃时的摩擦系数

## 3. BaF$_2$·CaF$_2$ 对复合自润滑涂层的影响

BaF$_2$(图 5.20(a))为等轴晶系面心立方结构,密度为 4.893g/cm$^3$,熔点为 1368℃,在高温下会转变成氯化铅型结构,一般由 BaCO$_3$ 和 HF 在水溶液中反应得到,常用于光学玻璃、光导纤维及木材的杀虫剂。CaF$_2$(图 5.20(b))也为萤石结构,熔点为 1402℃,密度为 3.1g/cm$^3$,沸点为 2497℃,常用于冶金和化工工业。

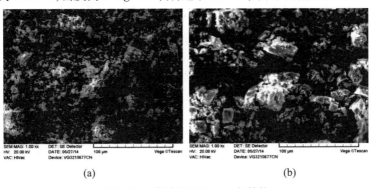

(a)                                   (b)

图 5.20  等轴晶系面心立方结构

(a)BaF$_2$ 粉末 SEM 图像;(b)CaF$_2$ 粉末 SEM 图像。

两者均为立方晶系结构,它们的共晶体($62BaF_2-38CaF_2$)从500℃开始至900℃具有明显的润滑效果,若单独使用在500℃以下很难具备良好的润滑性能[95],在室温下无润滑效果。NASA研制的PS400,在室温环境下摩擦系数高达0.8。在设计时,就是利用它们在高温生成的氧化产物进行润滑。

实验分析证明,高温下的润滑作用主要靠$BaF_2 \cdot CaF_2$来完成。对NC65WYB涂层试样在800℃下摩擦后的试样进行XRD分析,如图5.21所示,摩擦表面有大量的$BaCrO_4$生成,它们已经被证明为高温下的润滑物,为重晶石结构。但是,在500℃以下它们主要呈现的是脆性,不具有润滑效果。如果含量过高,如NC65WYB涂层中含量高达22.1%,低温下会降低涂层的润滑效果,只在高于500℃的环境中实现由脆性到韧性的转化,甚至发生进一步的化学反应生成$BaCrO_4$,这是一种高温下的固体润滑材料。在高温下该物质还会发生一系列的反应,主要表现在结构中的氧和铬含量间的变化,容易生成$BaCr_2O_4$、$BaCrO_3$等相。$BaCrO_4$和$BaCr_2O_4$为斜方晶系,$BaCrO_3$为层状结构的六方晶系,都具有作为润滑剂的结构基础[96,97],可充当高温下的润滑剂。

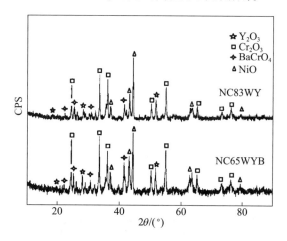

图5.21 NC65WYB和NC83WY涂层在800℃下的XRD图谱

### 3. WSe₂对复合自润滑涂层的影响

图5.22所示为$WSe_2$粉末的微观形貌和XRD分析。$WSe_2$和$MoS_2$具有类似的层状结构,在真空环境中$WSe_2$的蒸发率更低,耐热性能更好。作为固体润滑材料,使用性能都较强,$WSe_2$在真空中的摩擦系数为0.037,使用温度为350℃。经过高温后结果分析发现,$WSe_2$在高温下会发生分解,得到一定的W单质、W的氧化物$WO_3$,在高温下具有一定的润滑性能,而Se的氧化物$SeO_2$会以气体的形式逸出,因此,该物质在低温下具有一定的润滑效果,高温下依靠氧化物实现润滑。

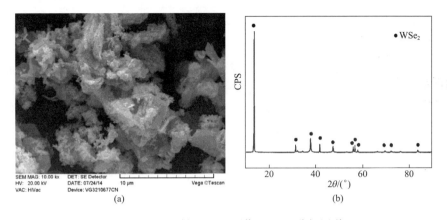

图 5.22　WSe₂ 粉末 SEM 图像及 XRD 分析图谱

### 4. 稀土 Y 的影响

近年来稀土金属及其化合物在固体润滑领域的应用得到人们的广泛关注,我国拥有丰富的稀土资源,充分发挥稀土资源优势,对于高效利用资源、节约能源有着重要的意义。

稀土元素具有比较特殊的化学结构,它具有 4f 电子结构,化学活性较强,电负性较低,原子半径相对较大,在晶界处的化学吸附能力很强,在表面的固溶度很低,容易出现富集的现象。美国的 NASA 公司研究发现,在高温下稀土氧化物具有一定的润滑性能,很可能成为有效的高温润滑剂。研究中加入了一定质量分数的稀土金属 Y,从摩擦的稳定性看 NC65WYB 涂层的摩擦系数要明显稳定些,尽管 NC65WYB 涂层在 500℃下的摩擦系数高达 0.748,但是它的摩擦曲线是比较稳定的,在 800℃下同样摩擦进行得比较平稳,这可能和稀土元素的存在有一定的关系,它的存在改善了涂层的微观结构,使得涂层的力学性能得到提高。但是,稀土元素在 800℃环境下会发生氧化生成 $Y_2O_3$,它也具有较好的润滑效果,从涂层总体效果看,稀土在氧化的过程中会失去它原有的一些特殊的作用,如净化晶界的作用。

## 5.4　NiCr 基固体自润滑涂层的高温氧化行为

根据研究的实际情况,高温环境可分为两种,即摩擦力和高温共同作用的摩擦环境和单纯的静态高温环境。本节分析不同环境中的氧化行为特性,探讨氧化再结晶机理和氧化膜的积极作用。

### 5.4.1　高温及摩擦共同作用的氧化

材料在高温下会发生一系列复杂的变化,特别是在高温摩擦环境中,高温和摩擦力共同作用,造成涂层成分和材料相结构的变化,影响着涂层的力学和自润滑性能。

涂层由细小的颗粒通过热喷涂工艺制得,表面存在大量颗粒状凸起,为后续的再结晶提供了可能。晶须的生长需要一定的条件,Frank 位错理论认为,晶须生长需要一定的先决条件:①周围要有氧化或活化的气氛;②表面有小的突出物;③存在位错(特别是螺形位错)。在喷涂过程中,涂层由很多扁平粒子堆叠而成,猛烈撞击必然使材料产生一定的缺陷,高温摩擦在开放的大气空间中进行,满足活化气氛的条件,活性气氛吸附于突起物(或者小颗粒)表面形成晶核,晶核伴随着体系的热起伏继续生长或分解,达到某一临界值时,晶格稳定地沿着位错的伯格斯矢量方向生长形成晶须。

图 5.23 所示为 NC65WYB 涂层在摩擦前后表面微观图像对比和磨痕的能谱分析。图 5.23(a)所示为涂层的原始图像。图 5.23(b)所示为高温摩擦以后,涂层表面发生再结晶现象,同时大部分表面覆盖有一层致密的氧化膜。这些氧化物的存在,降低了涂层的磨损量。800℃下的 NC83WY 涂层具有较低的摩擦系数和磨损量,证明这些物质的产生对提高涂层的性能具有重要意义,实现了高温下涂层的润滑效果,也使得涂层在较宽的温度范围内均有理想的力学性能和润滑性能。图 5.23(b)反映出涂层氧化后的产物主要有两种形态,即针状和颗粒状。两种物质的组成是不一样的。经过能谱分析发现,谱图 1 为针状晶体的能谱分析,它的组成元素主要是 Ni 和 O。谱图 2 显示,颗粒状晶体所含有元素主要是 Cr 和 O 元素。从氧化动力学的角度,Cr 和氧气的亲和力要大于 Ni 元素和 O 的亲和力。因此,在 NiCr 合金发生氧化时,首先是 Cr 发生氧化,并且 $Cr^{3+}$ 的扩散速度要大于氧离子的扩散速度。$Cr^{3+}$ 不断地向涂层的表面涌出,当其氧化物的含量比较高时,合金中的镍原子会和 $Cr_2O_3$ 形成化合物,主要是以尖晶石结构的 $NiCr_2O_4$ 存在。

涂层的高温摩擦实验是在 800℃ 的环境下摩擦 1h。颗粒状的铬氧化物没有完全覆盖涂层表面,表面没有形成致密的氧化膜,也可能是由于 Cr 元素的含量较低的缘故。研究表明,$Cr_2O_3$ 的氧化物形成时在表面先呈片状分布,随着氧化的进行逐渐变为颗粒状。氧化膜的形成,阻碍了氧与涂层中的 Cr 进一步反应,降低了氧化的速率。由于 $Cr^{3+}$ 离子本身的扩散速度比较快,加上石墨氧化带来的空穴,在一定程度上加快 $Cr^{3+}$ 离子的扩散速度。另外,晶体的氧化对晶体结构的研究是有影响的,氧化物等化合物的大量存在会使合金成分产生偏移效应,导致涂层微观晶格发生变化。通过分析发现,润滑相的加入对提高复合涂层的抗氧化性能益处不大。

| 谱图1 | Ni | Cr | B | C | N | O | Al | Ca | Co |
|---|---|---|---|---|---|---|---|---|---|
| 含量 | 37.82 | 31.42 | 4.14 | 14.14 | 1.44 | 5.65 | 1.82 | 1.96 | 1.59 |
| 谱图2 | Cr | Ni | F | C | N | O | Al | Ca | Co |
| 含量 | 42.03 | 33.20 | 4.08 | 8.50 | 0.44 | 6.68 | 2.93 | 0.75 | 1.39 |

图 5.23　NC65WYB 涂层氧化前后表面 SEM 图像及 EDS 分析

(a)NC65WYB 涂层原始形貌；(b)NC65WYB 涂层在 800℃氧化后形貌。

### 5.4.2　静态氧化实验

研究涂层在静态环境下的氧化特性,对了解涂层的抗氧化特性,预测涂层高温下的润滑趋势,研究制备耐高温自润滑涂层具有重要意义。特别是在一些场合静态氧化实验影响高温摩擦的起始阶段,反映涂层在高温摩擦后的效果,对研究高温摩擦具有指导意义。本节采用静态加热的方法,分别在 500℃ 和 800℃下,对 N51WB 涂层、N60WB 涂层、N69WY 涂层和 N80WY 涂层进行静态高温氧化实验,时间为 30min,目的主要是针对涂层表面材料的相的变化,故后续实验主要为扫描电镜、能谱和 XRD 分析。

#### 1. 原始涂层

图 5.24 所示为 N51WB、N60WB、N69WY 和 N80WY 原始涂层的 SEM 图像。图 5.24(a)、(c)所示为含 WSe2 涂层,图 5.24(b)、(d)所示为 含 WSe$_2$ 涂层。从形貌上看二者有明显的区别,这体现了涂层材料成分的区别。图 5.24(a)、(c)中较亮的白色区域主要含有 C、Ni、O,较暗的区域主要为 C 和 Ni。而图 5.24(b)、(d)表面主要含有 Ni、O 和少量的 WSe$_2$。原始的纳米 Ni 粉有一部分被氧化,涂层在制备过程也会发生一定的氧化,涂层中存在 NiO,这就导致涂层中有一定的氧含量。图 5.24(b)、(d)从形貌上看区别不大,图 5.24(d)涂层

含有较多的 Ni,图 5.24(b)涂层含有较多的 $WSe_2$,二者在电镜下的形貌比较接近。

## 2. 500℃高温实验结果分析

图 5.25 所示为 N51WB、N60WB、N69WY 和 N80WY 试样在 500℃下经过 30min 氧化后的形貌。从表面形貌上看,表面均发生明显的氧化,特别是图 5.25(a)、(c)所示的涂层表面,表面的氧化物膜覆盖了表面,经过 EDS 分析发现,涂层表面的氧含量要明显高于原始涂层。图 5.26 所示为 N51WB、N60WB、N69WY 和 N80WY 经过 500℃氧化后的 XRD 分析结果,XRD 分析表明,表面的氧化物主要为 NiO,还发现了少量的 W 单质,可以证明 $WSe_2$ 在 500℃下已经出现分解现象:$WSe_2 \rightarrow W + 2Se$,产生的 W 还没有发生氧化。表面的 Ni 发生了氧化,且 Ni 含量越高的区域氧化的程度就越高,其他的成分氧化不明显,可以发现大部分的 $BaF_2$ 仍然完好存在,它们主要和 Ni 包覆呈集中分布。

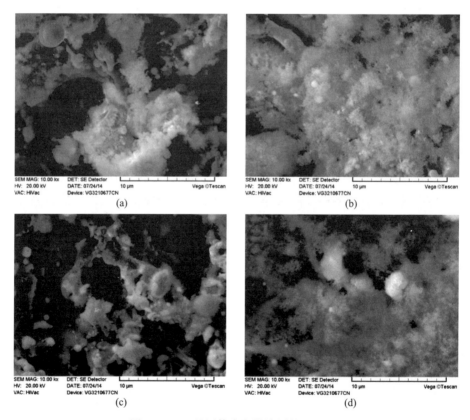

(a)　　　　　　　　　　　　　　　(b)

(c)　　　　　　　　　　　　　　　(d)

图 5.24　Ni 基固体自润滑涂层的 SEM 图

(a)N51WB 原始形貌;(b)N60WB 原始形貌;(c)N69WY 原始形貌;(d)N80WY 原始形貌。

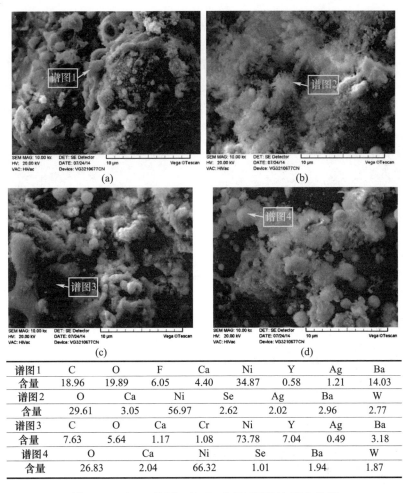

| 谱图1 | C | O | F | Ca | Ni | Y | Ag | Ba |
|------|------|------|------|------|------|------|------|------|
| 含量 | 18.96 | 19.89 | 6.05 | 4.40 | 34.87 | 0.58 | 1.21 | 14.03 |
| 谱图2 | O | Ca | | Ni | Se | Ag | Ba | W |
| 含量 | 29.61 | 3.05 | | 56.97 | 2.62 | 2.02 | 2.96 | 2.77 |
| 谱图3 | C | O | Ca | Cr | Ni | Y | Ag | Ba |
| 含量 | 7.63 | 5.64 | 1.17 | 1.08 | 73.78 | 7.04 | 0.49 | 3.18 |
| 谱图4 | O | Ca | | Ni | Se | Ba | | W |
| 含量 | 26.83 | 2.04 | | 66.32 | 1.01 | 1.94 | | 1.87 |

图 5.25　在 500℃ 下 N69WY 和 N80WY 的 EDS 分析

（a）N51WB、500℃；（b）N60WB、500℃；（c）N69WY、500℃；（d）N80WY、500℃。

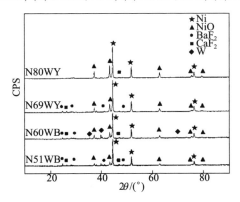

图 5.26　Ni 基固体自润滑涂层在 500℃ 下的 XRD 图谱

### 3. 800℃静态氧化实验分析

图 5.27 所示为 N51WB、N60WB、N69WY 和 N80WY 经过 800℃氧化后的表面形貌,可以发现表面的氧化更加严重。分析表明,涂层表面的元素主要为 Ni 和 O,并且氧元素的含量要明显高于原始样的氧含量。图 5.28 所示为高温氧化

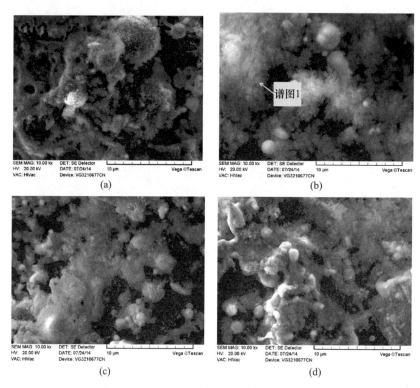

图 5.27　800℃下涂层 SEM 图像及 EDS 分析

(a)N51WB; (b)N60WB; (c)N69WY; (d)N80WY。

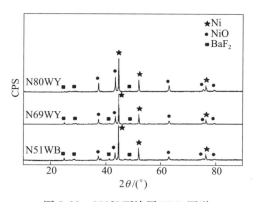

图 5.28　800℃下涂层 XRD 图谱

后涂层表面 XRD 谱,分析表明,表面的氧化物主要是 NiO。研究表明,NiO 可以有效地阻止氧与其他元素的结合,特别是能在表面形成一层致密的氧化膜,很好地保护涂层表面以下的其他组分不被氧化,并且 NiO 具有一定的润滑性能,这在一定程度上保证了涂层的润滑性能。涂层中加入的纳米 Ni 在表面分布均匀致密,在高温下可以形成致密的氧化物膜,提高涂层的抗氧化性能和润滑性能。

### 5.4.3  高温润滑的基本条件

高温下,固体自润滑涂层磨损分析比较复杂,涂层成分不同,高温下摩擦面的润滑膜的形成特点不同,润滑膜在摩擦过程中状态也不相同,比如润滑膜会随着摩擦的进行而破坏,而后又会形成新的润滑膜等。下面主要分以下几种情况进行讨论。

(1)没有形成完整的氧化物膜。在设计涂层时,添加的润滑相较少,摩擦过程中没有足够的氧化物在表面形成完整的润滑膜,润滑剂在涂层中均匀地分布。在摩擦的作用下,不断地涌向表面,使涂层具有一定的润滑性能。摩擦系数较高,涂层在摩擦过程中往往伴随较为严重的剥落现象、黏着和擦伤现象。摩擦的起始阶段不稳定,随着摩擦的进行,润滑剂在表面不断扩散,摩擦会渐趋稳定,这是一种半润滑系列涂层。

(2)有完整的润滑膜。但是,在摩擦过程中会经历一个从完整到破坏再到完整这样一个循环往复的过程。该过程总体是稳定的,平均摩擦系数较低,摩擦系数会出现波峰与波谷的交替现象。磨损主要表现为黏着和擦伤,是一种亚润滑系列涂层。

(3)涂层表面有稳定的完整润滑膜。该摩擦状态最佳,摩擦系数可以达到一个很低的水平,磨损量一般介于前两者涂层之间,摩擦过程稳定,表面有着致密的氧化物膜,磨损的主要形式为黏着磨损和氧化磨损。此时,假设高温环境下涂层表面的氧化物在一定的温度区间是稳定的,也就是表面的强度相对稳定,表面主要通过屈服应力来抵抗施加的载荷,该过程中,摩擦力主要为克服高温下氧化物的剪切应力所需的力,即

$$Z = A\sigma_s \tag{5.3}$$

式中　$Z$——载荷;

　　　$A$——接触面积;

　　　$\sigma_s$——屈服强度。

$$F = A\sigma_\tau \tag{5.4}$$

式中　$F$——摩擦力;

　　　$A$——接触面积;

　　　$\sigma_\tau$——氧化物的剪切应力。

则可以得出摩擦系数为

$$\mu = \frac{F}{Z} = \frac{\sigma_\tau}{\sigma_s} \tag{5.5}$$

即摩擦系数可以通过计算氧化膜的剪切应力和屈服强度的比值得到。这是一种近似算法,过程中忽略了诸如涂层的强度是变化的、摩擦过程中还存在一定的擦伤力等因素,这是全润滑系列涂层。

涂层在高温下的润滑主要通过高温润滑相的氧化产物来实现。经过高温摩擦以后,涂层表面的主要成分基本发生了氧化,涂层的性质也发生了变化。这样涂层在较低的温度下的润滑状况不同于原始涂层在低温下的润滑行为。涂层表面的低温润滑相在高温环境中,均已发生严重的氧化,表面有一层致密的氧化釉质层,这属于一种陶瓷材料,根据陶瓷材料的摩擦磨损特性,涂层应该具有较低的摩擦系数和磨损率,随着表面釉质层的破坏,会露出部分氧化了的新的涂层面,随着磨损的不断进行,涂层的摩擦磨损状况会接近原始涂层在低温下的摩擦磨损状况。

# 5.5  NiCr−BaF₂·CaF₂−WSe₂ 固体自润滑涂层的抗黏蚀性能

固体自润滑涂层的摩擦性能优良、承载能力强、耐磨性较高、时效性良好,可以应用于不能使用润滑油脂的摩擦副和环境恶劣的场合。但是,固体自润滑涂层无冷却作用,随着摩擦副温度升高,必然碰到磨损问题,如由固体自润滑涂层中的固体剥落颗粒引起的磨屑磨损,以及自身寿命周期过程中的疲劳磨损问题,以及摩擦副中所含金属相产生的黏着磨损问题,且以黏着磨损问题尤为突出。分析其主要原因,是高温状态下,固体自润滑涂层内的金属粒子变为流体后,起润滑作用,但流动的金属相必然会产生黏着,这对采用固体润滑摩擦副的使用寿命产生重要影响,因此,必须对固体自润滑涂层高温状态下的抗烧黏能力进行定量表征,但检索以往的文献,有关高温固体自润滑涂层的抗烧黏性能检测与评价的方法,多为依托数值软件仿真与理论估算,针对该问题的定量描述的相关技术还未见报道。

## 5.5.1  抗黏结实验设计

### 1. 实验材料

利用金属丝材在通电时瞬时高温熔化的原理,在金属丝的端部加上电弧将金属丝瞬间熔化,熔化的金属丝液体颗粒在高压气流的作用下,被雾化加速,喷射到待测涂层表面,作为实验的黏蚀粒子来源。

为了更好地比较涂层的抗黏蚀性能,采用对比实验的方法。选择镍包硅藻土封严涂层、NC83WY涂层,NC65WYB涂层和基体作为实验的抗黏蚀研究对象。

## 2. 实验方案

图5.29所示为金属粒子黏蚀实验原理图。通过电弧熔化的金属熔滴,在高速气流的作用下形成有效黏蚀源。在黏蚀过程中,通过专门设计的专用夹具,调整涂层试样与黏蚀粒子之间的黏蚀角分别为90°、60°、45°和30°。黏蚀前,需要对涂层试样进行清洗、烘干和称重处理,以测得黏蚀粒子以不同角度在不同试样表面的黏蚀量。

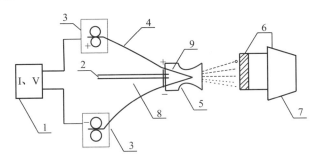

图5.29　金属粒子黏蚀实验原理

1—电源;2—高压气源;3—送丝机构;4—金属丝材;

5—喷枪;6—待测试样;7—专用夹具;8—气路,9—电极。

黏结实验后,还要从另一个角度研究涂层的抗黏结性能,即对涂层表面的黏蚀物进行抛磨清理,建立抛磨计量,进一步考察涂层在黏蚀以后的清理能力。其原理如图5.30所示,选择不同的抛磨速度对试样进行磨抛处理,相隔一定的时间,测量试样质量的变化。根据质量的变化量衡量涂层表面黏蚀物的清理能力。

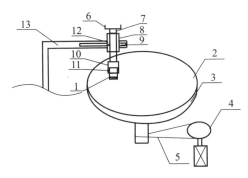

图5.30　抛磨清理原理

1—待测试样;2—砂纸;3—抛磨盘;4—调速电机;5—转动皮带;6—负载托盘;7—连杆;

8—滑块;9—标尺;10—试样固定结构;11—试样固定螺孔;12—滑块固定螺孔;13—支撑结构。

### 3. 抗黏蚀性能评价指标

为了深入分析研究和评价高温自润滑涂层的抗黏蚀性能,可以建立一个量化指标,对涂层的黏结过程进行监测。可根据式(5.6)计算涂层的黏蚀率,即

$$Z = \frac{g_i - g_0}{\Delta t A} \tag{5.6}$$

式中  $Z$——金属熔滴平均黏蚀率;

　　 $g_i, g_0$——分别为待测试样黏蚀前后的质量;

　　 $\Delta t$——熔滴黏蚀时间;

　　 $A$——待测试样的黏蚀表面积。

可以记录实验中的实验数据,计算涂层的黏蚀率,考察涂层的抗黏结性能。

采用定时抛磨清理计量,研究涂层在磨抛过程中的剥离程度。假定抛磨的速度设置为 $r$,分别以5min和7min为时间阶段,对抛磨后的试样质量分别作以记录。

依据磨盘的速度、抛磨的时间以及记录试样的质量。根据式(5.7),计算涂层表面单位面积黏蚀物的抛磨速率,即

$$f_i = \frac{g_i - g_{i-1}}{(t_i - t_{i-1})A \cdot 2\pi R \cdot r} \quad i \geqslant 1 \tag{5.7}$$

式中  $f_i$——单位时间的平均抛磨率;

　　 $g_i, g_{i-1}$——分别为待测试样第 $i$ 次抛磨前后的质量;

　　 $t_i, t_{i-1}$——分别为待测试样第 $i$ 次抛磨前后的时间;

　　 $A$——待测试样的黏蚀表面积;

　　 $R$——试样在抛磨盘的位置与盘中心的距离;

　　 $r$——抛磨盘的转速。

## 5.5.2　涂层抗黏蚀机理分析

### 1. Ni – WSe₂ – BaF₂ · CaF₂ – Y – Ag – hBN 高温固体自润滑涂层的金属熔滴黏蚀特性

图5.31所示为不同黏蚀角度下金属熔滴在涂层表面的黏蚀量,其中含有60% Ni 的 NWB 涂层表面黏蚀量最小。金属熔滴对涂层的黏蚀速度随沉积角度的增加而增加,90°时金属熔滴在涂层与基体表面的沉积率最大,其中 GCr15 钢基体的平均沉积率最大,为 176.22mg/(cm² · s),NWY 涂层的沉积率达到 64.4mg/(cm² · s),而 NWB 涂层的沉积率为 58mg/(cm² · s)。

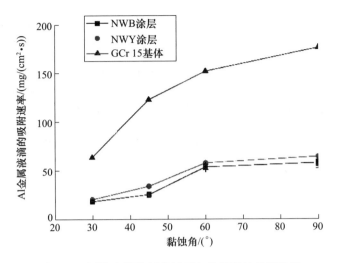

图 5.31　固体自润涂层黏蚀量与涂层黏蚀角度关系

当黏蚀角度小于 60°时,基体、NWY 涂层、NWB 涂层表面的 Al 黏蚀物增加量梯度明显,而 hBN 对提高涂层抗黏蚀性能有明显作用。在小角度下,金属熔滴依靠垂直方向的速度分量沉积于试样表面,角度越小,速度垂直分量越小,同时粒子还会受到高速气流的影响,使得粒子黏蚀速度梯度增大。随着黏蚀角度的增加,金属熔滴粒子对涂层的冲蚀破坏能力增强,涂层表面的脆性相(以润滑相为主)增加,进而增加了涂层的表面粗糙度,粒子和试样表面的机械结合力增强,涂层表面的黏蚀量增加明显。相比较涂层与 GCr15 基体,基体的硬度大,表面光滑,粒子在表面黏结力较弱,黏结能力很快趋于平稳。总之,金属熔滴在涂层与 GCr15 基体表面的沉积特征不同,其原因在于,GCr15 基体与 Al 熔滴的物理特性相似,因而 Al 熔滴的浸润性强;对于固体自润滑涂层由于高温氧化作用,涂层表面为氧化膜,Al 熔滴粒子可能透过氧化膜或镶嵌在氧化膜中[18],并沉积于涂层表面。

2. Ni－WSe$_2$－BaF$_2$·CaF$_2$－Y－Ag－hBN 涂层表面 Al 黏蚀物的剥落能力

为了提高摩擦副的服役寿命,涂层表面黏蚀物的清洁能力是考评自润滑涂层性能的重要指标,为此需要考察 Al 黏蚀物的剥落能力。图 5.32 所示为 GCr15 基体、NWY 涂层和 NWB 涂层的黏蚀试样抛磨剥落后形貌的 SEM 照片。显然,在相同抛磨实验条件下各表面均有黏蚀层剥落。NWY 涂层出现大面积脱落,残留部分的黏蚀层光滑致密,如图 5.32(a)所示。GCr15 钢基体表面的 Al 黏蚀物与基体结合较好,Al 黏蚀层被均匀磨掉,如图 5.32(b)所示。图 5.32(c)

反映了 NWB 涂层的抛磨情况,其表面金属沉积物剥落水平最为明显,涂层表面的 Al 黏蚀物脱落面积比较大,这是由于 hBN 具有较低剪应力,Al 黏蚀层与 hBN 结合面更容易产生应力集中,进而产生裂纹并脱离。

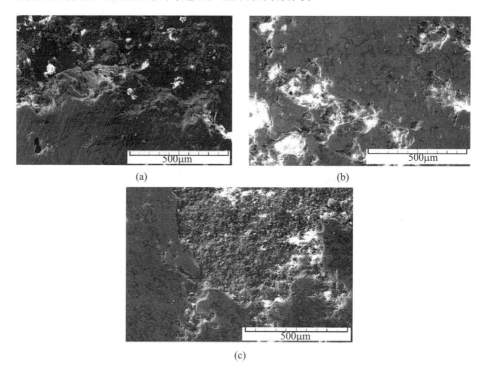

图 5.32　抛磨剥落后涂层表面形貌的 SEM 照片
(a)NWY 涂层; (b)GCr15 钢基体; (c)NWB 涂层。

　　为进一步表征金属黏蚀层的剥落能力,抛磨速度设定为 700r/min,获得的平均剥落速度如图 5.33 所示。图 5.33 给出了 NWY 和 NWB 高温自润滑涂层、GCr15 表面金属黏蚀物的平均剥落速率,各试样表面的 Al 黏蚀层的剥落速率呈下降趋势,但 GCr15 基体表面黏蚀物的剥落速率较小。当黏蚀角为 45°时,NWY 和 NWB 高温自润滑涂层与 GCr15 基体表面的 Al 黏蚀物均具有较高的剥落速率。与 GCr15 基体相比较,NWY 高温自润滑涂层的试样表面的黏蚀层具有较高的剥落速率,受到涂层浸润特性的影响,金属熔滴撞击表面的能量得到转化或释放,与涂层结合面产生微裂纹,在抛磨中容易自动脱落。进而,NWB 高温自润滑涂层显示出优异的剥落能力,不但因为涂层与金属熔滴之间浸润特性的影响,而且 hBN 的加入,材料的热膨胀系数发生改变使得涂层的孔隙率提高,固体自润滑涂层的硬度和弯曲强度降低,黏蚀层浸润的界面结合能力下降,说明加入 hBN 可以有效提高涂层表面黏蚀后的剥离水平。

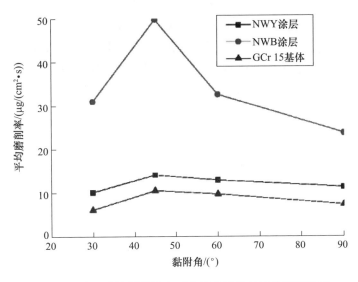

图5.33 高温自润滑涂层表面金属黏蚀物的平均剥落速率

# 5.6 NiCr 基固体自润滑涂层的性能评价

## 5.6.1 涂层的结构分形

利用小波分形计算的固体自润滑涂层的小波分形维数过程中,由于小波分解过程中,低频部分所蕴含图像的信息最多,仅讨论低频分解部分的分形特征。表 5.8 所列为计算的固体自润滑涂层的分形维数,以及得到固体润滑剂的理论体积含量。

表5.8 涂层含量与分形指数

| 粉末含量 | 分形指数 | 指数系数 | 涂层体积含量 |
|---|---|---|---|
| NC83WY | 2.4825 | 0.41595 | 0.46041 |
| NC65WYB | 2.5751 | 0.29236 | 0.50358 |
| N80WY | 2.4739 | 0.38565 | 0.43791 |
| NWYB60 | 2.4629 | 0.3418 | 0.40864 |

为了获得确切的等离子喷涂固体自润滑涂层组织优化评价结果,图 5.34 所示为不同类型涂层的多重分形谱,其中,N83WY、N65WYB、N70WYB 为 NC83WY 涂层固体自润滑涂层微观形貌的多重分形谱,N80WY、NWB51、N60WB、N69WY 为 NC65WYB 涂层固体自润滑涂层微观形貌的多重分形谱。对于 NC83WY 涂层系列涂层,计算得到的 $\Delta\alpha$ 比较接近,但图中仍表明,NC65WYB

涂层的 $\alpha$ 区间要比其他二者的区间小。这说明涂层的微观结构组成要优于其他涂层。相比之下，NC65WYB 涂层系列涂层中 NWB51 涂层的 $\alpha$ 区间要明显小于其他三者的涂层。说明 NWB51 涂层的微观结构要优于其他涂层。但由于等离子技术沉积过程沉积效率低，故而选择次优涂层 N60WB。

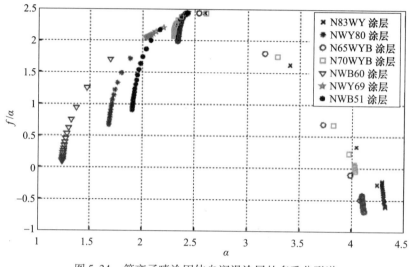

图 5.34　等离子喷涂固体自润滑涂层的多重分形谱

## 5.6.2　涂层的性能评估

采用等离子喷涂技术在 GCr15 耐热钢基体表面制备的 $NiCr - WSe_2 - BaF_2 \cdot CaF_2 - hBN$ 固体自润滑涂层，为了研究涂层的微观组织结构提取的有限元模型。GCr15 号钢、Ni、Cr、共晶 $BaF_2 \cdot CaF_2$、hBN 的材料性能参数由相关资料获取，如表 5.9 所列。

表 5.9　各材料性能参数

| 材料 | 密度 /($g/cm^3$) | 硬度 /($kg/cm^2$) | 泊松比 | 弹性模量 (25℃) /($N/m^2$) | 屈服强度 /($N/m^2$) | 热扩张系数 /$K^{-1}$ | 比热容/(J /(kg·K)) | 热导率/(W /(m·k)) |
|---|---|---|---|---|---|---|---|---|
| Ni | 8.5 | 638 | 0.31 | 2.19e11 | 5.9E07 | 1.7E-05 | 460 | 43 |
| Cr | 7.19 | | 0.21 | 279 | | 4.9e-6 | | 93.9 |
| $WSe_2$ | 9.32 | | | | | | | 0.05 |
| $CaF_2$ | 3.18 | 160 | | | | | | |
| $BaF_2$ | 4.893/ | | 0.343 | 53.05 | | 19 | 456 | 7.1 |
| hBN | 2.27 | 36.5 | | 8.3E10 | 17E7 | 7.5E-6 | 19.7 | 25.1 |
| GCr15 | 7.83 | | 0.3 | 2.19E11 | 38E7 | 1.2E-05 | 460 | 44 |

在微观尺度有限元模型(第 I 尺度模型),从涂层高倍 BSE 图中获得,选择放大倍数为 2000 倍(50μm)的微观组织结构形貌,如图 5.35(a)所示,用于获取等效密度、等效弹性模量、等效泊松比等基本参数。

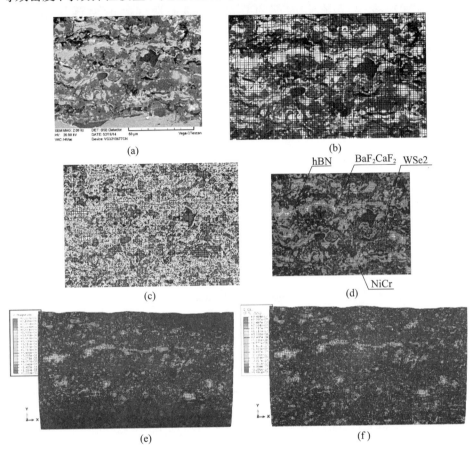

图 5.35　等离子喷涂 NiCr 固体自润滑涂层的微观结构重构
(a)涂层微观结构;(b)涂层网格剖分;(c)边界节点;
(d)涂层的有限元模型;(e)涂层位移变化;(f)涂层的应变。

涂层进行自动色阶、对比度处理后,获得能够区分涂层各相元素的特征,确定涂层微观灰度图,将该图载入 OOF2 进行数值转化。按照像素值进行分组,其中 $\Delta gray = 0.2 \sim 0.4$,并根据涂层微观组织结构形貌表征的物相,确定像素组物相参数。

形成网格骨架网格,将距离最近的网格单元最大像素点定义为骨架单元节点,将骨架四边形单元节点间建立连接(图 5.35(b))。以最大像素数形成的单元格节点为固定节点,以最小像素数剖分给定的四边形单元格,并在单元格边界

171

上形成可沿规定轴移动的节点,内部形成的剖分节点为自由移动节点,达到主单元到实际单元的有效非线性映射(图5.35(c))。

几何单元到有限元映射。骨架单元格节点对应于有限元单元的节点,Mesh单元可沿其边缘,甚至在其内部的节点。根据有限元映射关系,Field值存在于网格的节点上。在节点处查找 Field 值,产生合适的实际边缘单元(图5.35(d))。

在 ABAQUS 软件平台,载入第一尺度有限元模型,同时载入各相材料物性参数,获得涂层的基本等效参数,并将此参数作为第二尺度的输入参数。对于微观组织结构与宏观性能的关联分析,采用介观尺度有限元模型(第二尺度模型),选择 $200\mu m(\times 500)$ 涂层的微观组织结构形貌。

载入第二尺度获得有限元模型,将获得等效参数以及根据文献获取的材料参数输入该模型,获得涂层的宏观性能参数,通过计算可得到该复合固体自润滑涂层在接触应力为 5.447e04Pa 时(图5.35(e)),产生的应变最大为 $3.484 \times 10^{-7}m$(图5.35(f)),为涂层自润滑以及交变应力分析提供技术基础。

# 参 考 文 献

[1] DellaCorte C,Fellenstein J A. The effect of compositional tailoring on the thermal expansion and tribological properties of PS300:a solid lubricant composite coating [J]. Tribology Transactions,1997,40:639 - 642.

[2] DellaCorte C. ,Edmonds B J. NASA PS400:A new high temperature solid lubricant coating for high temperature wear applications[R]. Cleveland:National Aeronautics and Space Administration,Glenn Research Center,TM - 2009 - 215678,2009.

[3] Muratore C,Voevodin A A,Hu J J,et al. Multilayered YSZ - Ag - Mo/TiN adaptive tribological nanocomposite coatings [J]. Tribology Letters,2006,243:201 - 206.

[4] Sliney H E. Wide temperature spectrum self - lubricating coating prepared by plasma spraying [J]. Thin Solid Films,1979,64:211 - 217.

[5] Zhu S Y,Bi Q,Yang J,et al. Influence of fluoride content on friction and wear performance of $Ni_3Al$ matrix high temperature self - lubricating composites [J]. Tribology Letters,2011,433:341 - 349.

[6] Huang C B,Zhang W G,et al. Preparation and wear performance of $NiCr/Cr_3C_2$ - NiCr/hBN plasma sprayed composite coating [J]. Surface and Coatings Technology,2011,205:3722 - 3728.

[7] Pauschitz A,Badisch E, Roy M,et al. On the scratch behavior of self - lubricating $WSe_2$ films [J]. Wear,2009,267:1909 - 1914.

[8] 夏杰,陈小虎,袁晓静,等. 等离子技术沉积 $NiCoCrAlY/BaF_2/CaF_2/C/Y$ 自润滑涂层及其高温摩擦性能[J]. 中国表面工程,2014,276. :67 - 74.

[9] Yuan X J,Chen X H,Zha B L,et al. Structural and tribological performance of solid NiCr - $WSe_2$ - $BaF_2$ · $CaF_2$ - Y - hBN and NiCr - $WSe_2$ - $BaF_2$ · $CaF_2$ - Y lubricant coatings produced by atmospheric plasma

spray[J]. Tribology Transactions,2016:1 – 33.

[10] 孔小丽,刘勇兵,陆有,等. 粉末冶金高温金属基固体自润滑材料[J]. 粉末冶金技术,2001,192:86 – 92.

[11] 韦小凤,王日初,冯艳,等. 六方氮化硼(hBN)表面镀镍对 Ni – Cr/hBN 固体自润滑材料性能的影响[J]. 粉末冶金材料科学与工程,2011,165:665 – 670.

[12] 肖军,程功,陈建敏,等. 机载发射装置烧黏 – 腐蚀防护评估技术的研究进展[J]. 航空兵器,2014,(10):60 – 64.

[13] 肖军,周惠娣,李铁虎,等. 导弹发射装置滑轨表面 MoS₂ 干膜防护高温高速两相燃气流应用研究[J]. 摩擦学学报,2003,235:435 – 449.

[14] Finnie I. Erosion of surfaces by solid particles[J]. Wear,1960,34:87 – 103.

[15] Wang W C. Application of a high temperature self – lubricating composite coating on steam turbine components[J]. Surface & Coatings Technology,2004,177 – 178:12 – 17.

[16] 袁晓静,陈小虎. 一种固体自润滑涂层抗黏蚀性能检测方法[P]. 国家发明专利:CN 104502257 A,2015.

[17] 王振廷,陈华辉. 碳化钨颗粒增强金属基复合材料涂层组织及其摩擦磨损性能[J]. 摩擦学学报,2005,253:203 – 206.

# 第 6 章　$Ni/MoS_2 - SiC - Y$ 固体润滑涂层构建与性能评估

为制备高承载、低摩擦、稳定性能好、维护简单、可靠性高、环境友好型的固体润滑涂层,对涂层的研究主要集中在材料改性与摩擦学性能的关系。本章通过造粒方法将纳米及超微粉末团聚成适合喷涂工艺的复合固体自润滑粉末,采用微弧等离子沉积技术制备出固体润滑涂层,并分析其摩擦学性能。

## 6.1　$Ni/MoS_2 - SiC - Y$ 固体润滑涂层制备工艺

### 6.1.1　材料粉末

根据所选粉末的粒度及材料特性,配比粉末兼顾各种粉末的粒度和复合粉末充填的均匀性,以均匀性、颗粒充分弥散为主要参考因素,经过筛选,固体润滑涂层粉末材料的配方选用 $x$wt% ( $Ni/MoS_2$ ) $- 2$wt% SiC $- y$wt% Y 的配比模式,团聚复合粉末配方见表 6.1。

图 6.1 所示为喷雾造粒制备的 $x$ ( $Ni/MoS_2$ ) $- 2SiC - y$Y ($y = 0,1,3,6$) 3 种团聚粉末的微观结构。由图可知,纳米 SiC (图 6.1(a)) 和稀土 Y 黏覆在 $Ni/MoS_2$ 粉末表面,团聚粉末粒度在 $20 \sim 60 \mu m$ 之间,团聚粉末相对于 $Ni/MoS_2$ 粉末形状更为饱满,近似为球形,提高了粉末的流动性,这有利于喷涂过程的粉末输送,粉末表面孔隙率得到进一步降低(图 6.1(b))。

图 6.1　$Ni/MoS_2 - 2SiC - Y$ 团聚复合粉末形貌

(a)纳米 SiC；(b)95M2S3Y 团聚复合粉末。

174

表 6.1　团聚复合粉末配方

| 材料 | $Ni/MoS_2$/wt% | 纳米 SiC/wt% | 稀土 Y/wt% |
|---|---|---|---|
| 98M2S | 98 | 2 | 0 |
| 97M2S1Y | 97 | 2 | 1 |
| 95M2S3Y | 95 | 2 | 3 |
| 92M2S6Y | 92 | 2 | 6 |

### 6.1.2　复合固体润滑涂层制备工艺

基体选择 AISI 1045 钢,为提高涂层与基体之间的结合强度,对基材表面进行预处理。将待喷涂的工件表面进行净化,彻底清除附着在工件表面上的油污、油漆、氧化物等,显露出新的金属表面。清除油污采用酒精有机溶剂进行清洗擦拭,粗化和清除氧化物用喷砂方法进行处理,喷砂粗化时喷砂磨料采用 20 目棕刚玉,喷砂距离为 100mm,喷砂角度为 90°,压缩空气压力为 0.6 ~ 0.8MPa。具体的等离子沉积工艺参数如表 6.2 所列。

表 6.2　优化后的等离子沉积 $Ni/MoS_2 - SiC - Y$ 固体自润滑涂层工艺参数

| 工艺 | 参数 | 数值 |
|---|---|---|
| 喷砂 | 材料 | $Al_2O_3$ |
| | 粒子直径/μm | 880 |
| | 气流压力/MPa | 0.6 ~ 0.8 |
| | 距离/mm | 100 |
| | 角度/(°) | 90 |
| 等离子沉积参数 | 电流/A | 250 |
| | Ar 参数/(L/h)、MPa | 20、0.5 |
| | 送粉参数/(L/h)、MPa | 0.2、0.3 |
| | 喷涂距离/mm | 100 |
| | 喷枪移动速度/(mm/s) | 30 |
| | 涂层厚度/mm | 0.3 ~ 0.5 |

## 6.2　$Ni/MoS_2 - SiC - Y$ 复合固体自润滑涂层的性能

### 6.2.1　$Ni/MoS_2 - SiC - Y$ 固体自润滑涂层的微观组织结构

等离子沉积 $xNi/MoS_2 - 2SiC - yY$ 固体自润滑涂层的断面形貌如图 6.2 所

示。其中,固体润滑涂层与基体界面结合紧密,涂层内部存在少量的孔隙。结合图6.2(a)~(c)发现,当引入Y后,涂层与基体之间的界面得到一定程度的改善。

图6.3所示为微弧等离子喷涂97M2S1Y固体自润滑涂层、95M2S3Y固体自润滑涂层、92M2S6Y固体自润滑涂层的形貌,由图可知,等离子沉积涂层内存在部分未熔化粒子,同时涂层内部分粒子熔化较为充分,流动性较好,熔化粒子粉末呈饼状铺展在涂层内部,提高了粉末间的结合能力,减少了孔隙和气孔的数量。

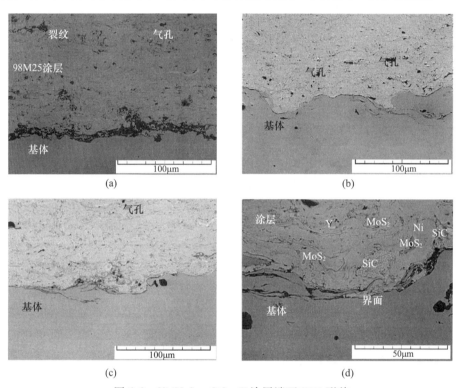

图6.2 Ni/MoS$_2$ - SiC - Y涂层端面SEM形貌

(a)98M2S涂层;(b)97M2S1Y涂层;(c)95M2S3Y涂层;(d)92M2S6Y涂层。

(c)

图 6.3　Ni/MoS$_2$ – SiC – Y 涂层表面微观形貌

(a)97M2S1Y 涂层；(b)95M2S3Y 涂层；(c)92M2S6Y 复合涂层。

图 6.4 所示为不同质量配方的 $x$(Ni/MoS$_2$) – 2wt% SiC – $y$Y 固体自润滑涂层的 XRD 谱,3 种复合团聚粉末制备的涂层中均含有 Ni、MoS$_2$、SiC$_\beta$ 和 Y 等相,表明球磨和复合粉末造粒过程几乎没有改变粉末的晶相结构(图 6.3(a))。等离子沉积 $x$Ni/MoS$_2$ – 2SiC – $y$Y 固体自润滑涂层制备过程中部分纳米 SiC 被氧化成氧化硅,也有部分被氧化成 Y$_2$O$_3$；而 MoS$_2$ 可能有部分氧化成 MoO$_2$ 以及少量的 NiS$_2$。

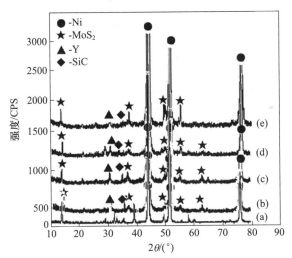

图 6.4　Ni/MoS$_2$ – 2SiC – Y 固体自润滑涂层 XRD 谱

(a)95M2S3Y 团聚粉末；(b)92M2S6Y 涂层；
(c)97M2S1Y 涂层；(d)95M2S3Y 涂层；(e)98M2S 涂层。

## 6.2.2　Ni/MoS$_2$ – SiC – Y 固体润滑涂层的硬度

润滑涂层硬度是衡量润滑涂层软硬程度的力学性能指标,反映固体润滑涂

177

层材料表面局部体积内抵抗材料变形、破裂的能力,是材料、结构强度和塑性的综合性指标。本小节采用洛氏硬度测试法对 Ni/MoS$_2$ – SiC – Y 固体润滑涂层硬度进行了测试。

表 6.3 所列为等离子沉积 Ni/MoS$_2$ – SiC – Y 固体自润滑涂层洛氏硬度试验结果,由表可知,制备的固体自润滑涂层中,97M2S1Y 涂层洛氏硬度最小为95.3HRB,95M2S3Y 洛氏硬度为 100.5HRB,而 92M2S6Y 固体自润滑涂层洛氏硬度为 98.1HRB。实验结果表明,添加纳米硬质材料及稀土金属钇粉末的包覆团聚粉末材料涂层的硬度都有了一定的提高,但并非稀土金属钇越多越好,且在一定的添加比例范围内,涂层的硬度先提高后降低。

表 6.3  Ni/MoS$_2$ – SiC – Y 固体自润滑涂层表面硬度

| 涂层 | 测试值/HRB | 平均硬度/HRB |
|---|---|---|
| 97M2S1Y | 95.1,95.1,95.7 | 95.3 ± 0.4 |
| 95M2S3Y | 100.0,100.9,100.7 | 100.5 ± 0.5 |
| 92M2S6Y | 98.4,97.8,98.2 | 98.1 ± 0.3 |

### 6.2.3  Ni/MoS$_2$ – SiC – Y 固体润滑涂层的结合强度

涂层的结合强度实验根据《热喷涂层结合强度的测定》(GB 8642—88)采用黏结对偶试样拉伸实验法测定涂层结合强度,涂层的断裂都发生在涂层与基体的结合部位,说明涂层的内聚结合强度都大于涂层与基体的结合,要提高涂层的结合强度,应该着重研究涂层与基体的结合。

表 6.4 所列为 Ni/MoS$_2$ – SiC – Y 固体自润滑涂层结合强度。其中,97M2S1Y 涂层结合强度为 20.237MPa,95M2S3Y 涂层结合强度为 26.807MPa,92M2S6Y 涂层结合强度为 16.072MPa。显然,添加稀土材料后,经氧化的稀土粉末材料对改善涂层的力学性能方面具有良好的改性作用,并表现为随稀土含量的增加涂层结合强度先提高后减小,说明稀土的含量对润滑涂层结合强度具有较大的影响,在所制备的稀土弥散固体润滑涂层中 95M2S3Y 涂层结合强度最高,提高最大。

表 6.4  Ni/MoS$_2$ – SiC – Y 固体自润滑涂层结合强度

| 涂层 | 最大载荷/MPa | 平均载荷/MPa |
|---|---|---|
| 97M2S1Y | 19.608,20.554,22.038,19.871,19.115 | 20.237 ± 1.801 |
| 95M2S3Y | 28.855,26.382,25.763,27.41,25.626 | 26.807 ± 2.048 |
| 92M2S6Y | 16.828,15.737,15.22,16.272,16.303 | 16.072 ± 0.852 |

涂层拉伸断面形貌反映了涂层微观结构在拉应力作用下裂纹扩展的过程，也包含了部分涂层沉积构建的过程信息。图 6.5 给出了等离子沉积 Ni/MoS$_2$ – SiC – Y 固体自润滑涂层的断面形貌。其中，图 6.5(a)显示，拉伸断面存在的裂纹起始于粒子的结合面，可能的原因是粒子沉积过程中，SiC 相会填充 MoS$_2$粒子破碎缝隙，初步改善了粒子间的结合特性，涂层断裂过程显示为沿晶断裂。

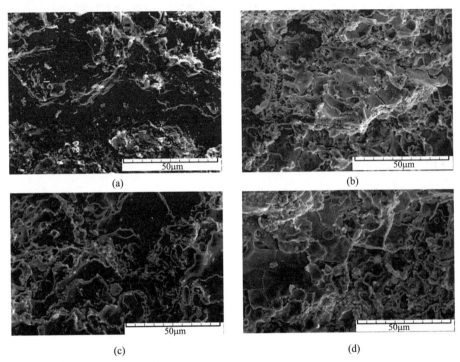

图 6.5　Ni/MoS$_2$ – SiC – Y 固体自润滑涂层的断面微观形貌

(a)98M2S 涂层；(b)97M2S1Y 涂层；(c)95M2S3Y 涂层；(d)92M2S6Y 涂层。

当引入稀土金属氧化物后，拉伸断面的特征分别如图 6.5(b) ~ (d)所示。图 6.5(b)所示为等离子沉积 97M2S1Y 固体自润滑涂层的断面形貌，可以看出：涂层呈现层状特征，粒子扁平化比较明显，涂层断裂部位起始于扁平化粒子边缘，沿着粒子边界发生偏转，并在结合强度较差的层间界面扩展，使得涂层在拉应力下的断裂面呈梯度层状分布。随着金属 Y 与其氧化物的增加，涂层在拉伸应力作用下，裂纹沿层面扩展，当裂纹的扩展遇到孔隙或气孔时，裂纹发生偏转，裂纹的偏转消耗部分应变能，能在一定程度上提高涂层的结合强度，同时裂纹扩展到涂层层状结合致密部位，因为稀土弥散材料对粉末界面的晶界净化作用，粉末间结合力增强，在较大的拉应力作用下，层状粉末发生断裂，裂纹从粉末内部扩展，直至涂层断裂(图 6.5(c))。显然，涂层不仅包含充分变形的粒子，粒子界面还有细小的充填物,涂层致密,而涂层断裂部位逐渐产生穿晶现象,表现为晶粒内部有折断现象。当进一步增加 Y 与 $Y_2O_3$ 含量(图 6.5(d))时,层状结构中的扁平粒子界面间细小充填物更加富集,涂层中存在明显的贯穿于晶粒间裂纹线,随之沿晶粒边缘扩展,表现为沿晶脆性断裂。

# 6.3 Ni/MoS₂ - SiC - Y 固体润滑涂层的摩擦学性能

稀土元素的化学活性强,原子半径大,电负性低,在摩擦表面的固溶度很低,在晶界处的吸附能力很强,会在摩擦表面形成富集。近年来,稀土化合物在润滑材料中的应用研究日益受到关注,尤其是其摩擦学作用机制和应用研究,具有重要的理论意义和应用价值。美国贝尔电话研究所和 NASA 的 Lewis 中心最早研究了稀土金属的摩擦磨损及黏着性。研究表明,与其他金属相比,稀土金属的黏着系数低、硬度低,在高温下氧化生成稀土氧化物,而稀土氧化物在高温下具有一定的润滑性能。

## 6.3.1 稀土金属特性

对固体润滑涂层来讲,稀土材料具有细化晶粒、净化晶界、减少杂质材料、改善涂层的力学和摩擦磨损性能。比如,稀土金属与氧元素具有极强的亲和力,具体如下。

### 1. 净化晶界

稀土金属与氧有很强的亲和力,在金属内部具有脱氧作用,稀土金属可以抑制杂质在晶界上偏聚,具有净化晶界的作用。

### 2. 变质作用

金属的断裂过程是不断诱发裂纹和扩展裂纹的过程,而涂层中的夹杂物往往成为微裂纹的发源地,这将显著影响涂层材料的塑性、韧性及疲劳性能。稀土材料的净化变质作用表现为改变涂层内部影响金属相夹杂物的性质、形态、大小和分布,进而提高涂层的力学性能。

### 3. 细化晶粒

稀土金属可以提供异质晶核或在结晶界面上偏聚,阻碍晶胞长大。同时,改善结晶和晶界,提高金属的耐热、抗氧化性能,改善涂层的高温持久强度和抗蠕变性能。

## 4. 微合金化

稀土能抑制动态再结晶,细化晶粒和沉淀相尺寸,而且能净化和强化晶界,阻碍晶间裂纹的形成和扩展,有利于改善塑性、韧性以及耐磨性、耐腐蚀等,使微合金获得更优异的综合性能。

### 6.3.2 Ni/MoS$_2$ – SiC – Y 固体润滑涂层摩擦学性能

#### 1. 97M2S1Y 涂层的摩擦系数

图 6.6(a)所示为 97M2S1Y 固体自润滑涂层在载荷压力为 50N、转速为 200r/min 情况下的摩擦实验结果。由图可知,在摩擦磨损初期(1000 ~ 4000r),摩擦系数在 0.08 ~ 0.22 之间,磨损面处于磨合期间,随后摩擦系数逐渐变小;随着摩擦时间加大,摩擦系数又逐渐加大,并达到一定值后趋于稳定,摩擦系数在 0.27 ~ 0.31 之间。图 6.6(b)所示为 97M2S1Y 固体自润滑涂层在载荷压力为 100N、转速为 200r/min 情况下的摩擦实验结果。由图可知,在摩擦磨损初期(1000 ~ 3000r),摩擦系数在 0.22 ~ 0.5 之间,磨损面处于磨合期,随后摩擦系数逐渐变小;随着摩擦时间加大,摩擦系数又逐渐加大,并达到一定值后趋于稳定,在 5000 ~ 7000r 时,摩擦系数在 0.5 ~ 0.6 之间;随着摩擦时间的进一步加大,涂层出现剧烈破坏的情况,环块间干摩擦系数迅速增大,在摩擦进入 9000r 时,环块间涂层被破坏。

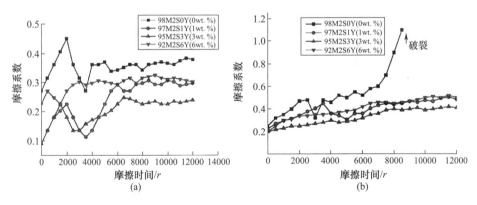

图 6.6 Ni/MoS$_2$ – SiC – Y 固体润滑涂层的摩擦系数

(a)50N 载荷; (b)100N 载荷。

#### 2. 95M2S3Y 涂层的摩擦系数

图 6.6(a)所示为 95M2S3Y 润滑涂层在载荷压力为 50N、转速为 200r/min

情况下的摩擦实验结果,由图可知,在摩擦磨损初期(1000~3000r),摩擦系数在0.08~0.23间,磨损面处于磨合期间,随后摩擦系数逐渐变小;随着摩擦时间加大,摩擦系数又逐渐加大,并达到一定值后趋于稳定,摩擦系数在0.22~0.25之间。相对于97M2S1Y润滑涂层来说,95M2S3Y润滑涂层摩擦实验后期摩擦系数更为稳定、更小,这说明稀土弥散改善了润滑涂层的减摩性能。图6.6(b)所示为95M2S3Y润滑涂层在载荷压力为100N、转速为200r/min情况下的摩擦实验结果,由图可知,摩擦系数在0~8000r之间呈现逐步增加的态势,在0.2~0.38之间;在8000~12000r之间,摩擦系数趋于稳定,在0.38~0.42之间。相对于97M2S1Y润滑涂层来说,在此载荷下,95M2S3Y润滑涂层摩擦实验后期摩擦系数稳定,涂层完整,表明此含量下稀土弥散润滑涂层微观结构得到改善,力学性能得到提高。

### 3. 92M2S6Y涂层的摩擦系数

图6.6(a)所示为92M2S6Y润滑涂层在载荷压力为50N、转速为200r/min情况下的摩擦实验结果,由图可知,在摩擦磨损初期(1000~2000r),摩擦系数在0.22~0.28之间,磨损面处于磨合期间,随后摩擦系数逐渐变小;随着摩擦时间加大,摩擦系数又逐渐加大,并达到一定值后趋于稳定,摩擦系数在0.29~0.32之间。实验结果表明,92M2S6Y润滑涂层摩擦系数稳定。图6.6(b)所示为92M2S6Y润滑涂层在载荷压力为100N、转速为200r/min情况下的摩擦实验结果,由图可知,摩擦系数在0~10000r之间呈现逐步增加的态势,在0.2~0.48之间;在10000~12000r之间,摩擦系数趋于稳定,在0.5~0.53之间。相对于97M2S1Y润滑涂层来说,在此载荷下,92M2S6Y润滑涂层摩擦实验后期摩擦系数稳定,表明此含量下稀土弥散润滑涂层微观结构得到改善,力学性能得到提高。

显然,随着摩擦载荷增加,涂层的体积磨损率下降,这意味着摩擦能量转化为热能时,提高了涂层表面的温度。此时,软化的扁平粒子表面降低了涂层的结合强度。对比3种配比润滑涂层在载荷压力50N下的摩擦实验结果可知,在所添加的稀土含量范围内,随着金属Y粉末含量的提高,涂层的磨合过程变短;而在磨合期后,稳定摩擦期间涂层干摩擦系数随着金属Y粉末含量增加表现为先减少后增大的趋势。在载荷压力100N下,3种润滑涂层随着载荷压力的加大,摩擦系数都变大,而在此载荷下,随着金属Y粉末含量的提高,涂层干摩擦系数随着金属Y粉末含量的提高表现为先减少后增大的趋势,其中97M2S1Y润滑涂层在摩擦后期涂层失效,稀土金属对涂层质量的改善和涂层耐磨性的提高具有显著的作用。

### 6.3.3 Ni/MoS₂ – SiC – Y 固体润滑涂层的磨损特征

#### 1. 50N 载荷下 Ni/MoS₂ – SiC – Y 涂层的磨损特征

等离子沉积 Ni/MoS₂ – SiC – Y 固体自润滑涂层会存在不同的缺陷特征。这些缺陷特征会影响涂层磨损区域的特征(图 6.2)。图 6.7 所示为 50N 载荷作用下 Ni/MoS₂ – SiC – Y 固体自润滑涂层在 12000r 周期后的滑动磨损区域的表面特征。可以明显看出,硬质颗粒(如 SiC)在该载荷下逐渐裸露于涂层磨损区域表面。相比较而言,等离子沉积 98M2S 固体自润滑涂层的磨损区域表面存在较多的磨损裂纹以及较多的犁削沟痕,这可能是摩擦副间的硬颗粒切屑或挤压而形成的(图 6.7(a))。

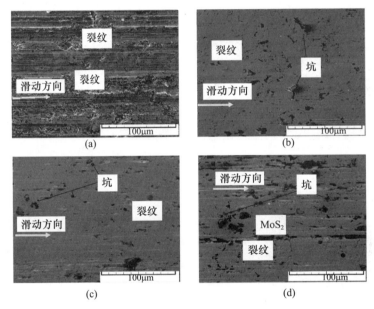

图 6.7    Ni/MoS₂ – SiC – Y 涂层的磨损区域形貌(50N)

(a)98M2S;(b)97M2S1Y;(c)95M2S3Y;(d)92M2S6Y。

当引入金属 Y 后,涂层表面的硬质尖点会逐渐减少,97M2S1Y 涂层的磨损表面虽然凹凸不平(图 6.7(b)),但涂层磨损区域表面的磨损减小。图 6.7(c)显示比较光滑的磨损表面,95M2S3Y 涂层中未观察到裂纹或凹坑。相比之下,92M2S6Y 涂层表现出更多的沟槽(图 6.7(d))。如 98M2S 涂层中所见,95M2S3Y 涂层的磨损表面不会出现大规模断裂或损坏。当 Y 注入复合粉末会降低复合涂层的硬度。也许,Y 颗粒可以增强涂层中平整颗粒的界面,因此95M2S3Y 涂层表现出比其他涂层更好的摩擦性能。

## 2. 100N 载荷下 Ni/MoS$_2$ – SiC – Y 涂层的磨损特征

图6.8显示 Ni/MoS$_2$ – SiC – Y 固体自润滑涂层在100N载荷下12000次循环后的磨损表面形貌。所示的表面呈现干滑动磨损的形态特征,包括大量皱纹、扁平碎屑和孔隙。磨损表面还含有大量黏合剂颗粒,这些很可能是摩擦过程中由涂层中挤出形成的。而且98M2S涂层的磨损轨迹表现出严重的表面开裂(图6.8(a))。相比较,97M2S1Y涂层中存在一些凹坑(图6.8(b)),经观察显示,其为表面形成连续的反应层。而且92M2S6Y涂层的反应层(图6.8(d))比95M2S3Y涂层更密集(图6.8(c))。但是,92M2S6Y自润滑涂层磨损表面显示出一些裂纹。

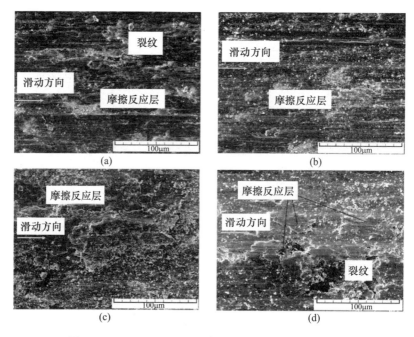

图6.8 Ni/MoS$_2$ – SiC – Y 涂层的磨损区域形貌(100N)

(a)98M2S;(b)97M2S1Y;(c)95M2S3Y;(d)92M2S6Y。

## 3. 不同载荷状态磨损区域的元素分析

为了研究磨损机理,进一步研究了95M2S3Y涂层的 BEI 和相关的 WDS 分析。在50N时,在95M2S3Y涂层的磨损表面没有氧元素,如图6.9(a)所示。然而,在100N时,显然在95M2S3Y涂层的磨损表面上涂覆了反应层,如图6.9(b)所示。95M2S3Y涂层反应层主要含 C、O、Ni、Fe、S、Si、Mo 和 Y,表明碎屑由小颗粒 SiC、氧化金属(Ni、Fe、Y)和 MoS$_2$ 润滑油组成。氧含量的存在可能是由于在滑动磨损实验中在高闪点温度下表面材料的氧化。反应层是通过压缩和混合从对磨件和 $Ni/MoS_2 - SiC - Y$ 涂层中除去的材料组成的。

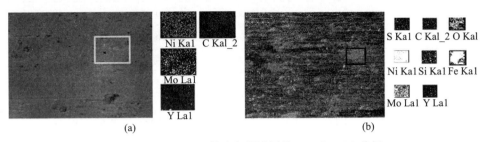

图 6.9　95M2S3Y 固体自润滑涂层的 BEI 和 WDS 分析

(a)50N；(b)100N。

由这些元素分布可以看出,在不同载荷条件下,$Ni/MoS_2 - SiC - Y$ 涂层的磨损过程可以描述如下:在100N 载荷下的磨损机制是黏着磨损和磨屑磨损。与负载为100N 不同的是,50N 负载的磨损机制是磨屑磨损。这是因为当载荷施加在滑动表面上时,仅形成少量碎片,并且这导致磨损。最后,观察到碎片颗粒具有多面体结构。

### 6.3.4　固体润滑涂层磨损行为

实验中利用 HANGPING 公司的 FA2104 电子天平对涂层摩擦磨损前后的质量进行了测试,涂层以 200r/min 转速经过 60min 环块干摩擦过程,实验测量值如表 6.5 所列。载荷为 50N 时,$Ni/MoS_2 - SiC - Y$ 固体润滑涂层按照 95M2S3Y、92M2S6Y、97M2S1Y、98M2S 的顺序,磨损量逐步加大,分别为 0.002g、0.0024g、0.0028g、0.0256g。可以看出,等离子沉积 $Ni/MoS_2 - SiC - Y$ 固体润滑涂层的磨损量随稀土粉末含量的提高,涂层的磨损量先减小后增大,说明稀土材料作为添加剂,改善了涂层的力学性能,当稀土 Y 为 3wt% 时,提高了涂层的抗磨性能。载荷为 100N 时,$Ni/MoS_2 - SiC - Y$ 固体润滑涂层基本保持了相似的规律,即磨损量分别为 0.0324g、0.0381g、0.0484g 和 0.1192g。

表 6.5　固体润滑涂层磨损量

| 涂层 | 磨损载荷/N | 磨损前质量/g | 磨损后质量/g | 磨损量/g |
|---|---|---|---|---|
| 98M2S | 50 | 10.306 | 10.2804 | 0.0256 |
|  | 100 | 10.3062 | 10.187 | 0.1192 |
| 97M2S1Y | 50 | 10.2430 | 10.2402 | 0.0028 |
|  | 100 | 10.2464 | 10.2083 | 0.0381 |

| 涂层 | 磨损载荷/N | 磨损前质量/g | 磨损后质量/g | 磨损量/g |
|---|---|---|---|---|
| 95M2S3Y | 50 | 10.8769 | 10.8749 | 0.00200 |
| | 100 | 10.9718 | 10.9394 | 0.0324 |
| 92M2S6Y | 50 | 10.7014 | 10.6990 | 0.00240 |
| | 100 | 10.7144 | 10.6660 | 0.0484 |

图 6.10 所示为不同 Y 含量的 $Ni/MoS_2 - SiC - Y$ 固体润滑涂层磨损量。显然,涂层的磨损量表现为随磨损载荷的加大而加大,但磨损量并非随磨损载荷的比例呈相应简单的比例关系,而是随各涂层的微结构特征表现出差异性。经计算,在 50N 载荷作用下,$Ni/MoS_2 - SiC - Y$ 涂层的质量磨损率为 $3.14 \times 10^{-4} \sim 5.58 \times 10^{-4} mg/(N \cdot m)$。在 100N 载荷作用下,$Ni/MoS_2 - SiC - Y$ 涂层的体积磨损率为 $4.52 \times 10^{-4} \sim 6.46 \times 10^{-4} mg/(N \cdot m)$。

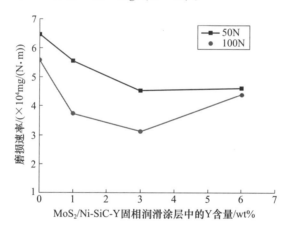

图 6.10 不同 Y 含量的 $Ni/MoS_2 - SiC - Y$ 固体润滑涂层磨损量

# 6.4 磨屑的分形特征

摩擦过程中所产生的磨屑形态复杂,特征隐含性强,蕴含信息多,磨屑群体中单个磨屑的出现及分布具有很强的不确定性。磨损状态监测一直是摩擦学研究的重点,但因影响磨损的因素较多,很难用常规数学模型预测磨损状况。

## 6.4.1 磨屑的分形

磨损中磨屑外形轮廓复杂且不规则,随着摩擦过程磨屑形貌也发生很大的变化,而磨屑的特征与磨损过程有直接联系,微观形貌只能定性说明磨屑的大概情况,而分形维数则可以从定量出发,发现磨屑的大小颗粒分布情况。研究显示,磨屑的边缘轮廓具有分形特征。葛世荣、朱华等认为磨屑并非完全欧几里得几何体,而是在大小尺度磨屑细节上具有自相似性,展示出分形特征,如果采用逐渐放大倍数观察磨屑,磨屑细节特征展示出多尺度特性。

磨屑的几何特征主要包括大小、外形、表面积等,其中磨屑的大小最为重要。表征磨屑尺寸的参数是粒度及分布特性,它决定着磨损率的高低。

1. 单磨屑的粒径

实际的磨屑形状不一、大小不等,采用"演算直径"来表示不规则磨屑的粒径,所谓"演算直径"是通过测定某些与磨屑大小有关的形状参数,推导线性量纲参数,常用轴径和圆当量径。

2. 磨屑群体的平均粒度

对磨屑群大小的描述,常用平均粒度的概念,可用统计数学方法来求,即将磨屑群划分为若干窄级别的粒级,设该级别的磨屑个数为 $n$ 或占总质量比为 $W$,再用加权平均法计算得到的磨屑群平均粒度。

3. 磨屑的形状

磨屑的形状是指磨屑的轮廓边界或表面图形,通常可用定性分析和定量分析两种方法。定性分析磨屑形状通常用一些术语,如球形、椭圆形、多角形、不规则体、粒状体、片状体、枝状体等。而定量分析磨屑形状参数主要有纵横比、形状参数、凸度、伸张度、卷曲度和圆度等。

## 6.4.2　Ni/MoS$_2$ – SiC – Y 固体润滑涂层的磨屑特征

1. 97M2S1Y 涂层磨屑

图 6.11(a)~(c)是 97M2S1Y 润滑涂层在 50N 载荷下不同时间段的磨屑形貌。可以看出,磨屑在磨损初期(图 6.11(a)),粒度较大且分散,粒子呈多角形分布,随摩擦过程在 2000r(图 6.11(b))时磨屑粒度明显变小,在 4000r 时(图 6.11(c))磨屑粒度增大,并积聚成圆球、椭球形分布。当载荷为 100N 时,在磨损初期,磨屑尺寸较小,呈现为近乎球体,粒度处于 $20\mu m$ 以下,大粒子粒度小于喷涂粉末粒度,而小颗粒呈现为球体,表明磨屑主要是摩擦磨损过程中被切屑的磨屑,磨屑在摩擦副间反复摩擦呈现出球体及近球体分布(图 6.11(d));

2000r 时,磨屑中大颗粒逐步增多,并呈多角形,可能为磨损过程中由涂层浅表面剥离的粒子(图 6.11(e));在 4000r 时,磨屑呈球体,粒度较为分散(图 6.11(f)),涂层进入稳定磨损期。

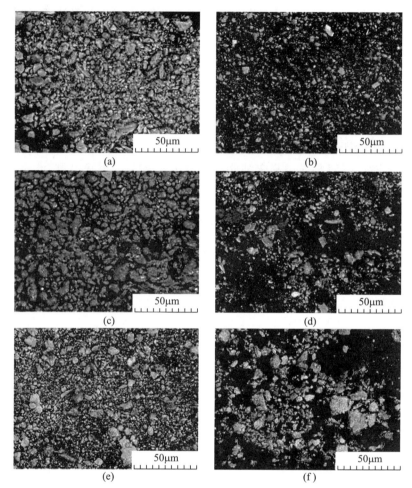

图 6.11　Ni/MoS$_2$ – SiC – Y 固体润滑涂层磨屑形貌(97M2S1Y,50N、100N)

(a)1000r,50N;　(b)2000r,50N;　(c)4000r,50N;　(d)1000r,100N;　(e)2000r,100N;　(f)4000r,100N。

## 2. 95M2S3Y 涂层磨屑

为了解释 APS 沉积的 Ni/MoS$_2$ – SiC – Y 涂层的磨损特性,分析了负载(50N 和 100N)下 95M2S3Y 涂层的磨屑特征,如图 6.12 所示。在磨损试验初期观察到大的和多边形的碎屑颗粒(少于 1000 个循环,50N;见图 6.12(a))。在中间阶段观察到较小的磨屑颗粒(2000 次循环;参见图 6.12(b)),因为涂层表面变得更光滑。经过 4000 次循环后,磨屑颗粒尺寸增大(图 6.12(c))。这表明在这个阶段涂层的切向强度更高。这种涂层的碎屑颗粒对于100N的载荷是扁平的和球形的以及团聚的椭球(图6.12(d)~(f))。这些图像显示,小于1000次循环(图6.12(d))、4000次循环(图6.12(e))和超过4000次循环(图6.12(f))产生的碎片。图像表明,Ni/MoS$_2$-SiC-Y涂层的降解主要是由塑性流动引起的。

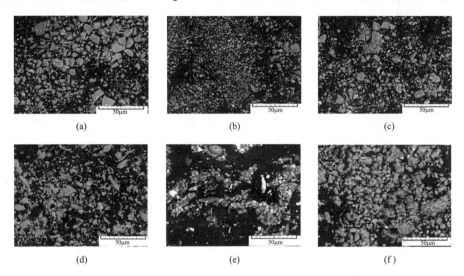

图6.12    等离子沉积95M2S3Y固体自润滑涂层的磨屑形貌

(a)50N,1000r;(b)50N,2000r;(c)50N,4000r;(d)100N,1000r;(e)100N,2000r;(f)100N,4000r。

与此同时,作为稳定剂的SiC的存在使等离子喷涂过程后四方相得以保留,这可以提高涂层在高温下的力学性能。因此,在Ni/MoS$_2$-SiC-Y复合涂层中,MoS$_2$具有高度各向异性的晶体层结构。在高负荷时,压力能转化为热能。由于摩擦热导致接触表面瞬间温度升高,所以反体材料容易转移到滑动表面。在反体材料和涂层材料之间会发生摩擦化学反应,而反应产物最初会沉积在涂层孔隙中。

根据以上分析,可以得出结论:随着Y含量的增加,复合涂层中的反应层更容易形成并且在高负荷下含有更多的润滑剂。而反应层作为润滑剂在摩擦过程中导致低摩擦系数。当形成连续且致密的反应层时,磨损在一定程度上减小。然而,Y含量的进一步增加会导致过量的反应产物,由于其变形而起到研磨剂的作用。根据三体磨料磨损机理,这种磨料产生较高的涂层磨损。

### 3. 92M2S6Y涂层磨屑

图6.13是92M2S6Y润滑涂层在50N和100N载荷下不同时间段的磨屑图。在磨损初期,虽然载荷不同,但均显示磨屑粒度较小,大颗粒磨屑呈多角形

(图6.13(a)、(d));随着摩擦过程的进行,不同载荷下产生的磨屑特征发生了较大变化,如在50N载荷下,当运行至2000r时,磨屑粒度与前述周期相似,但大颗粒数量有所增加(图6.13(b));在100N载荷作用下,磨屑粒度会明显变小且均匀,这可能是磨屑在反复碾压造成的,而且磨损过的摩擦副变得光滑使得后续切屑的磨屑变小(图6.13(e))。当运行至4000r时,50N载荷下的磨屑增大,且积聚成圆柱、圆锥体磨屑(图6.13(c));100N载荷下,磨屑再次增大为椭球形及球状体,明显看出大磨屑颗粒较为疏松且有团聚的迹象,而球形磨屑有利于出现"滚珠"润滑,显示出载荷对摩擦表面会产生显著影响,致使涂层接触疲劳的速度急剧增加。

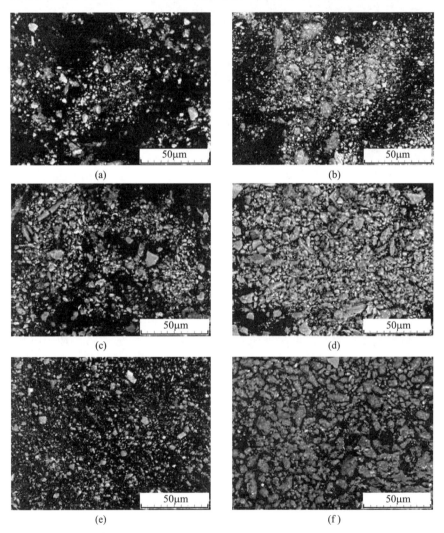

图6.13 Ni/MoS$_2$ – SiC – Y固体润滑涂层磨屑形貌(92M2S6Y,50N、100N)

(a)1000r,50N;(b)2000r,50N;(c)4000r,50N;(d)1000r,100N;(e)2000r,100N;(f)4000r,100N。

### 6.4.3 磨屑的分形分析

#### 1. 磨损周期内的分形维数变化特征

为了研究摩擦学周期内涂层磨屑的演变规律,对不同摩擦周期点的磨屑微观形貌进行了分形维数分析。磨屑分布的分形维数可为等离子喷涂 Ni/MoS$_2$ – SiC – Y 固体自润滑涂层的性能评估提供理论支撑。在 Ni/MoS$_2$ – SiC – Y 润滑涂层磨屑的多尺度显微照片中,磨屑积累的体积分数可以用分形维数来计算,采用盒计数分形维数计算等离子喷涂 Ni/MoS$_2$ – SiC – Y 复合润滑涂层的滑动磨屑分形维数如图 6.14 所示。

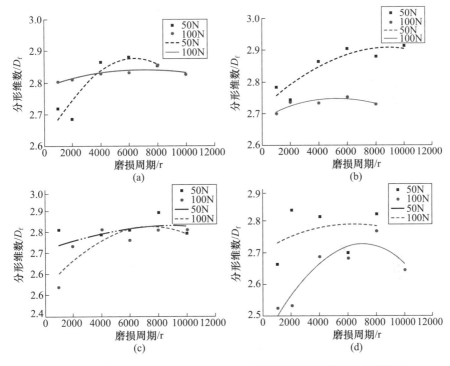

图 6.14　等离子沉积 Ni/MoS$_2$ – SiC – Y 固体润滑涂层磨屑的分形维数
(a)98M2S;(b)97M2S1Y;(c)95M2S3Y;(d)92M2S6Y。

显然,在不同载荷条件下,不同 Y 含量的 Ni/MoS$_2$ – SiC – Y 固体自润滑涂层的磨屑分形维数随磨损周期分布具有相近的特征,即磨屑的分形维数均介于 2.50 ~ 2.90 之间,而且磨屑的分形维数都具有在初始磨损周期分形维数低、随磨损周期推进逐渐升高的特点。

然而,不同 Y 含量固体自润滑涂层在不同阶段的磨屑分形维数发展趋势又不尽相同。当不含有 Y 时,98M2S 固体自润滑涂层的磨屑分形维数,在 100N 载荷时的维数分布区间明显小于 50N 载荷条件,且变化幅度较小(图 6.14(a))。图 6.14(b)利用分形技术对 50N、100N 载荷下 97M2S1Y 磨屑分布进行了研究。50N 载荷下的磨屑分形维数与 100N 载荷下的磨屑分形维数尽管都是先增大后减小,但在数值上基本属于两个区间,在一定程度上展示出不同载荷时涂层摩擦过程产生磨屑群具有一定的差异性。这一点与在图 6.14(d)中表现相近。

相比较,图 6.14(c)显示的 95M2S3Y 固体自润滑涂层的磨屑分形维数分布曲线的空间啮合较多。两个载荷条件下,磨屑的分形维数均先增大后减小。而且,50N 载荷下与 100N 载荷条件下,磨屑粒度变化均匀性更好。这表明 95M2S3Y 固体自润滑涂层在不同载荷情况下均具有良好的抗摩擦磨损性能。

综上所述,结合磨损区域的形貌,在磨损的初期阶段,摩擦表面间只有少数突出峰相互接触,真实接触面积小而接触应力大,峰点容易达到屈服极限而发生塑性变形,甚至在微切削作用下剥落,磨屑粒度分散,分形维数较小;而随着尖锐的峰顶被磨平、切除,摩擦表面趋于光滑,由于摩擦副的碾压,磨屑细化、均匀,磨屑分形维数随实验时间的延长而呈现增大趋势;随着摩擦表面轮廓趋于光滑,承受应力的面积越来越大,磨损过程趋于平稳,但磨屑在增大的表面能作用下发生积聚,磨屑变大,此时磨屑分形维数减小。

### 2. 不同含量固体自润滑涂层磨屑的分形维数

图 6.15 所示为 50N 和 100N 的摩擦周期为 2000r 时发现较大的分形维数值。由于表面能的作用积累了较大的碎片,因此碎片的分形维数变小。图 6.15(a)显示了 50N 时钇的质量分数增加时分形维数的减少。当摩擦载荷增加时,润滑剂涂层的分形维数不受钇质量分数的影响,图 6.15(b)。在滑动磨损的第一阶段,接触区域被压缩和收缩;高应力被转移到涂层表面。有几个突出的峰值,这些峰值达到屈服强度和塑性变形,甚至微切割或剥落。在这里,分形维度对于分散的磨屑是无关紧要的。然后,当尖峰被抛光和切割时,接触面通常更平滑,并且由于薄的碎片压碎了磨损颗粒,滑动磨屑的分形维数增加。但是,摩擦表面会变得柔软,并且磨损过程稳定。

对于 95M2S3Y 润滑油涂层,磨损碎片的分形维数分别在 50N 和 100N 载荷下达到 2.5661±0.0384 和 2.5590±0.03353。与其他相比,磨屑分形维数增量最低,约为 0.00713。这表明磨损机制在润滑油涂层的独特极限载荷下发生变化。也许,高分形维数可以证明磨屑的积分成分。

192

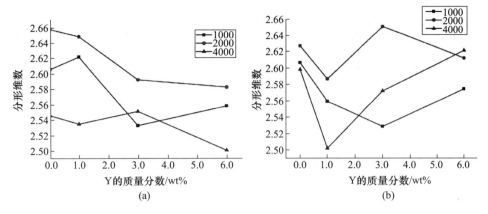

图 6.15　等离子沉积 Ni/MoS$_2$ – SiC – Y 固体润滑涂层磨屑的分形维数

（a）50N；（b）100N。

# 参 考 文 献

[1] Zhang S, Li G L, Wang H D, et al. Impact of Nanometer Graphite Addition on the Anti – deliquescence and Tribological Properties of Ni/MoS$_2$ Lubricating Coating[J]. Phy. Proced, 2013, 50: 199 – 205.

[2] Wang F, Wu Y, Cheng Y, et al. (1996) Effects of Solid Lubricant MoS$_2$ on the Tribological Behavior of Hot – Pressed Ni/MoS$_2$ Self – Lubricating Composites at Elevated Temperatures [J]. Tribol. Trans, 1996, 39 (2), : 392 – 397.

[3] Voevodin A A, O'Neill J P Zabinski J S. (1999) Nanocomposite Tribological Coatings for Aerospace Applications, Surf. Coat. Tech, 1999, 116: 36 – 45.

[4] Armada S, Schmid R, Equey S, et al. Liquid – Solid Self – Lubricated Coatings[J]. J. Therm. Spray Tech. , 2013, 22: 10 – 17.

[5] Mohammadi M, Ghorbani M, Azizi A. Effect of Specimen Orientation and Heat Treatment on Electroless Ni – PTFE – MoS$_2$ Composite Coatings[J]. J. Coat. Tech. Res. , 2010, 7: 697 – 702.

[6] Ma G, Xu B, Wang H, et al. Research on the Microstructure and Space Tribology Properties of Electric – Brush Plated Ni/MoS$_2$ – C Composite Coating[J]. Surf. Coat. Tech. , 2013, 221: 142 – 149.

[7] Li Z, Wang J, Lu J, Meng J. Tribological Characteristics of Electroless Ni – P – MoS$_2$ Coatings at Elevated Temperatures[J]. Appl. Surf. Sci. , 2013, 264: 516 – 521.

[8] Arslan E, Bülbül F, Efeoglu I. The Structural and Tribological Properties of MoS2 – Ti Composite Solid Lubricants. Tribol. Trans. 2004, 47(2): 218 – 226.

[9] Senthil Kumar P, Manisekar K, Subramanian E, et al. Dry Sliding Friction and Wear Characteristics of Cu – Sn Alloy Containing Molybdenum Disulfide[J]. Tribol. Trans. 2013, 56(5): 857 – 866.

[10] Du H, Sun C, Hua W, et al. Structure, Mechanical and Sliding Wear Properties of WC – Co/MoS – Ni Coatings by Detonation Gun Spray[J]. Mat. Sci. Eng. : A, 2007, 445 – 446: 122 – 134.

[11] Xu J, Liu W, Zhong M. Microstructure and Dry Sliding Wear Behavior of MoS$_2$/TiC Composite Coatings Prepared by Laser Cladding[J]. Surf. Coat. Tech. 2006, 200: 4227 – 4232.

[12] Trentina R E, Bandeira A L, Cemina F, et al. Physicochemical, Structural, Mechanical, and Tribological Characteristics of $Si_3N_4$ – $MoS_2$ Thin Films Deposited by Reactive Magnetron Sputtering [J]. Surf. Coat. Tech. ,2014,254:327 – 332.

[13] Zhai W, Shi X, Wang M, et al. Friction and Wear Properties of TiAl – $Ti_3SiC_2$ – $MoS_2$ Composites Prepared by Spark Plasma Sintering[J]. Tribol. Trans. ,2014,57(3):416 – 424.

[14] Huang Z J, Xiong D S. Dependence of Corrosion Behavior of Ni – $MoS_2/Al_2O_3$ Coatings in Relation to the $Al_2O_3$ Ratio in $MoS_2/Al_2O_3$ Particles[J]. Surf. Rev. Lett. ,2009,16:455 – 462.

[15] Liu F, Wang T, Wang Q, et al. Improved frictional behavior of SiC derived carbon coating using $MoS_3$ as a solid lubricant[J]. Tribol. Inter. ,2016,94:61 – 66.

[16] Arslan E, Totik Y, Bayrak O, et al. High Temperature Friction and Wear Behavior of $MoS_2$/Nb Coating in Ambient Air[J]. J. Coat. Tech. Res. ,2010,7:131 – 137.

[17] Xu J, Zhu M H, Zhou Z R, et al. An Investigation on Fretting Wear Life of Bonded $MoS_2$ Solid Lubricant Coatings in Complex Conditions[J]. Wear,255:253 – 258.

[18] Kong L, Bi Q, Niu M, et al. $ZrO_2$ ($Y_2O_3$) – $MoS_2$ – $CaF_2$ Self – Lubricating Composite Coupled with Different Ceramics from 20°C to 1000 °C[J]. Tribol. Inter,2013,64:53 – 62.

[19] Luo J, Cai Z B, Mo J L, et al. Torsional Fretting Wear Behavior of Bonded $MoS_2$ Solid Lubricant Coatings [J]. Tribol. Trans. ,2015,58(6):1124 – 1130.

[20] Gu D, Li Y, Wang H, et al. Microstructural Development and its Mechanism of Mechanical Alloyed Nano – crystalline W – Ni Alloy Reinforced $Y_2O_3$ Nanoparticles [J]. Int. J. Refr. Met. Hard Mat. , 2014, 44: 113 – 122.

[21] Yuan J, Zhu Y, Zheng X, et al. Fabrication and evaluation of atmospheric plasma spraying WC – Co – Cu – $MoS_2$ composite coatings[J]. J. of Alloys and Comp. ,2011,509:2576 – 2581.

194

# 第7章　固体封严涂层的制备与性能评价

航空发动机压气机在工作过程中会发生热膨胀,因而在装配过程转子与机匣要预留一定间隙,但该间隙会严重降低压气机及涡轮机的工作效率。为此,采用热喷涂技术在机匣表面制备可磨耗涂层,即在与转动组件相配合的静子环上喷涂可磨耗牺牲型涂层,并要求涂层质软、易磨、多孔,与基体结合性能好,具有较好的表面质量和低的摩擦系数以及良好的耐高温、抗热震和抗冲击性能,保护叶片和机匣不受刮擦损伤,维持最小气路间隙以提高发动机性能。

近年来,可磨耗封严涂层的制备技术得到了广泛研究。徐娜制备了镍铬铝/硅藻土高温封严涂层,涂层内组织均匀,颗粒熔化状态良好,孔隙率均匀。刘慧从涂层的热稳定性入手,研究了高温氧化气氛条件下涂层力学性能,结果表明,热稳定实验后涂层内氧化物明显增多,造成涂层结合强度降低,而硬度有所提高。与此同时,高温封严涂层的热环境下的热稳定性能、热力学性能也得到相应的研究。E. Sveja 等研究了高温环境下的热应力损伤机制。薛伟海等研究了高速刮擦下 Ni – G 封严涂层与 Ti6Al4V 叶片间的材料转移行为,在微观层面阐明了封严涂层受热应力作用的影响机制。在腐蚀特性方面,邢丕臣等研究了可磨耗封严涂层抗中性盐雾腐蚀前后的宏观、微观形貌、表面成分、相结构以及表面硬度的变化,分析了可磨耗封严涂层的抗中性盐雾腐蚀性能。于方丽等研究了采用超音速等离子喷涂沉积镍基可磨耗封严涂层,研究了涂层的耐腐蚀及高温摩擦磨损性能。许存官研究了 Ni 包石墨封严涂层的电化学腐蚀特性。结果表明,Ni/石墨涂层在 5% NaCl 溶液中的腐蚀电位为 – 382. 3mV。

然而,发动机经常在高湿度、高盐雾苛刻条件下服役,其中的污染物易导致发动机部件腐蚀磨损,因而,腐蚀磨损失效是可磨耗封严涂层重要的失效模式之一,但涂层在服役周期内腐蚀环境中摩擦磨损问题研究却鲜有报道。为此,本章主要讲解微弧等离子堆焊技术制备 Ni/硅藻土封严涂层的腐蚀磨损性能,以满足在使用寿命周期内,可磨耗封严涂层腐蚀环境下的工作要求。

# 7.1　材料与工艺

## 7.1.1　实验与设备

微弧等离子堆焊设备的最基本组成部分由电源和焊枪两部分构成。前者供给瞬间放电能量,后者使粉末连续地接触工件。通常电极接电源正极,而工件接负极。电极与焊枪旋转部分相连接。

### 1.微弧等离子堆焊设备构成

图7.1所示为微弧等离子堆焊系统。该系统由堆焊枪、变频堆焊电源、冷却水箱、堆焊控制器、送粉器等组成。图7.1(b)所示为该系统的实物,图中反映了各部件之间正常的连接方式。该系统气路为高纯Ar气,水路采用强制冷却水箱,因此,在连接过程中特别注意气路、水路接口密封状况。

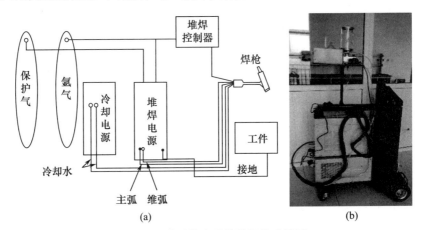

(a)　　　　　　　　　　　　　　　(b)

图7.1　微弧等离子堆焊机构成简图

微弧等离子堆焊的特点如下。

(1)电弧能量高,焊接热影响区小,热变形小。

(2)弧柱细长,穿透力强,包的工件无需开口,缩短准备的时间。

(3)速度快,是普通氩焊的3~6倍。

(4)弧柱刚性大,采用小孔效应,即可实现单面焊双面成型。

(5)弧柱具有良好的可控性和调节性。

微弧等离子焊机的特点如下。

(1)数字型采用CPU处理器,输出准确精确控制。

（2）电流控制精确，焊接电流可以小到0.1A稳定燃弧。

（3）"单键飞梭"功能，一个数字旋钮控制多个数字表，减少故障率，克服了电位器故障频繁的影响。

### 2. 微弧等离子枪结构

图7.2所示为微弧等离子沉积枪的基本结构。枪结构由枪体、枪帽、钨极夹、铜嘴等组成，用以实现高温等离子体的产生与稳定维弧。其结构要点如下。

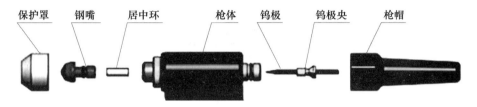

图7.2　等离子堆焊机焊枪结构简图

（1）正确安装连接焊枪，确保电缆、水、气线路连接牢固。

（2）及时清理枪嘴、保护罩。

（3）弧柱不正或发散时，及时更换钨极或清理枪嘴。

（4）在使用过程中，确定冷却水是否处于流动状态。

（5）枪嘴铜极要确认与枪体紧密结合，螺纹要旋紧。

（6）钨极磨削一定要集中，钨极缩在铜极里但不能与铜极接触。

## 7.1.2　微弧等离子堆焊工艺

### 1. 工艺规则

粉末的输送速度取决于焊补的电流和热量的输入。

（1）根据所焊补材质的种类，选择相对应的粉末种类，结合强度要好，热影响要降低。

（2）根据修补量的大小、缺陷的形状及工件对热影响的要求，选择适量的粉末。

工艺的设定规则如下。

（1）工作电流小、时间短，适合于棱角等精密部位的焊补后两端的封头。

（2）工作电流大、时间长，适合于平面的焊补，电流大、时间长，则输入能量越大，焊补的越平，速度越快。但要在工件能够承受的范围之内。

根据焊补部位选择合适的粉末，设置对应的工作参数（电流、时间），能够焊接出完美的形状和效果，而且不会带来热量输入过多对工件的影响（变形、退火、应力集中）。

## 2. 工艺配合

由于等离子堆焊机焊接精度高,要求焊枪位置、粉末、工件相互之间的位置配合十分准确。

（1）粉末的选择,常规的粉末选择可以是微米级或纳米,根据堆焊工件的焊接特性,选择焊接效果最好又能满足焊接后材料性能的粉末。

（2）焊枪与工件的配合。

① 焊枪与工件所焊补的位置要保持稳定的起弧状态,通常在5cm左右。

② 焊枪要对准工件焊补位置,稳定后踩下脚踏开关,完成一次操作。

③ 焊枪与工件之间完成需要的操作之后,迅速断电,以防意外起弧。

## 3. 工艺过程

图7.3所示为微弧等离子堆焊示意图。工作时,堆焊枪与工件表面形成1.5cm距离,在氩气环境中,堆焊电极与工件之间形成电场,Ar气体被电离分解,形成高温等离子体气流。当电极与工件存在一段距离,电源通过变压器及整流桥对电容充电,焊枪朝着工件运动,缩短与工件的距离,使电容电源充电放电线路形成通路,在微弧放电路径和相互接触的微区内放电电流瞬时地流过。瞬时电流大,但放电时间短,使放电微区内产生了很高的温度,并令局部材料熔化甚至气化在该微区内,送入喷嘴内部的粉末材料瞬间熔化。随着时间的推移,使熔融粉末材料沉积于待修复部位挤压堆叠;同时高温等离子体气流对待修复基体表面瞬时加热,随着放电电流不断减小以及接触面积不断增大,电流密度在接触微区内急剧下降。重复充放电过程并移动电极位置,强化点就相互重叠和融合,在工件表面形成涂层。

图7.3 微弧等离子堆焊操作简图

### 7.1.3 封严涂层材料

目前采用的固体封严涂层主要有以下几大类:有机封严涂层,热喷涂封严涂层,烧结金属粉末,耐温可达 800℃;填充的或不填充的薄壁蜂窝结构封严涂层,耐温可达 1000℃。镍包硅藻土封严涂层的工作温度可以达到 700~800℃。为此,实验中采用镍包硅藻土作为材料。

#### 1. 镍包硅藻土结构

硅藻土是一种生物成因的硅质沉积岩,主要由古代硅藻遗体组成,其化学成分主要是 $SiO_2 \cdot H_2O$,含有少量的 $Al_2O_3$、$Fe_2O_3$、$CaO$、$MgO$、$K_2O$、$Na_2O$、$P_2O_5$ 和有机质。$SiO_2$ 通常占 80% 以上,最高可达 94%。硅藻土的矿物成分主要是蛋白石及其变种,其次是黏土矿物——水云母、高岭石和矿物碎屑。硅藻土中的硅藻有许多不同的形状,如圆盘状、针状、筒状、羽状等。松散密度为 0.3~0.5g/cm³,莫氏硬度(用划痕的深度表征硬度的大小)为 1~1.5(硅藻骨骼微粒为 4.5~5mm),孔隙率达 80%~90%,熔点 1650~1750℃,化学稳定性高,除溶于氢氟酸外,不溶于任何强酸,但能溶于强碱溶液中。硅藻土的氧化硅多数是非晶体,碱中可溶性硅酸含量为 50%~80%。非晶型 $SiO_2$ 加热到 800~1000℃时变为晶型,碱中可溶性硅酸可减少到 20%~30%。镍包硅藻土是以硅藻土做核心,在其表面均匀包裹金属镍而成的复合粉末,适合于制造 800℃ 以下的封严涂层材料。

本研究所采用的镍包硅藻土的规格型号为 CM04-2,粒度为 -80+325 目(85%),松装密度为 1.1g/cm³,流动密度为 77s/50g。图 7.4(a)是在扫描电镜下观察到的镍包硅藻土颗粒微观形貌,在 500 倍的放大倍数下,能清楚观察到颗粒表面覆盖的镍封严涂层。图 7.4(b)是粉末颗粒的 3D 光镜图像,其中白色的突出部分是由于载体的不平整造成的,与粉末无关。在图 7.4(c)中,可以明显

(a)

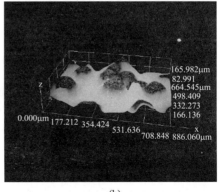

(b)

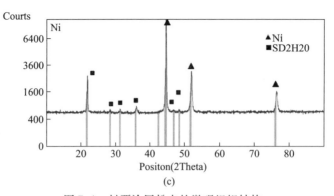

图 7.4 封严涂层粉末的微观组织结构

(a)镍包硅藻土 SEM 形貌；(b)3D 微观形貌；(c)XRD 图谱。

地观察到镍元素的 3 个特征峰,主峰确定了镍元素存在的可能性,两个副峰则表明镍元素真实存在,另一个明显的特征峰是 $SiO_2 \cdot H_2O$,在 28°~36°之间也存在 3 个副峰,确定了其存在。

## 2. 镍包硅藻土粉末的能谱分析

图 7.5 给出了实验用镍包硅藻土粉末的能谱图。从图 7.5(a)可以看到选择进行能谱分析的位置,从封严涂层材料以及图 7.5(b)、能谱图可以观察到,其化学成分主要是 $SiO_2$,含有少量的 $Al_2O_3$、$Fe_2O_3$、$CaO$、$MgO$、$K_2O$、$Na_2O$、$P_2O_5$ 和有机质。由于形成的方式不尽相同,含量也不尽相同。在图 7.5(d)中,镍元素的特征峰有 3 个,两个副峰,说明了镍存在的真实性。

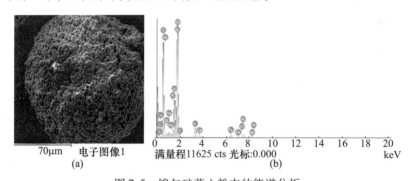

图 7.5 镍包硅藻土粉末的能谱分析

(a)镍包硅藻土微观结构；(b)分别为(a)图所标位置的谱图。

## 3. 粒度分析

粒度是指堆焊所用粉末的尺寸。不同尺寸的粒子能够不同程度地改变材料的物理性能。本研究采用 EDS 能谱仪设备对镍包硅藻土的粒径分布进行测试,见表7.1。可以看出,镍包硅藻土粉末的尺寸范围在50~180μm之间,平均粒度为128.7μm左右,此范围内的硅藻土粉末能够增加封严涂层成膜强度以及耐磨性能。

表7.1 镍包硅藻土粉末粒度实验数据

| From | 0.0400 | Size% < | |
|---|---|---|---|
| To | 2000 | 10 | 50.74 |
| 体积 | 100.0 | 25 | 111.7 |
| 平均值 | 128.7 | 50 | 136.7 |
| 中值 | 136.7 | 75 | 159.0 |
| D(3,2): | 53.67 | 90 | 177.8 |
| 众数 | 140.1 | | |
| S.D.: | 47.82 | | |
| C.V.: | 34.29 | | |

### 4. 基体材料

实验采用的基体材料为45钢,C含量是0.42%~0.50%,Si含量为0.17%~0.37%,Mn含量为0.50%~0.80%,Cr含量为不大于0.25%,Ni含量不大于0.30%,Cu含量不大于0.25%。密度为7.85g/cm³,弹性模量为210GPa,泊松比为0.269。

### 7.1.4 Ni-SiO$_2$·H$_2$O 封严涂层的制备工艺

镍包硅藻土封严涂层采用DML-02型微弧等离子沉积制备,设计的工艺参数如表7.2所列。经过多次实验,并对制备的封严涂层进行机械性破坏实验,发现工艺参数3下所获得的封严涂层性能能够达到实验要求,即堆焊距离选择为40~50mm,粉末输送压力为0.2MPa,主气流量为40L/h,电流为60A。

从实验过程中工艺参数的设计可以看出,封严涂层质量可以优化的主要方式如下。一是改变电流的大小,电流过大,起弧的热量过高,热影响区会覆盖整个基体的表面,甚至烧坏整个基体的表面部分,封严涂层与基体相接触的部分会因为内部相的改变而影响相互之间的结合特性;电流过小,起弧的温度过低,粉末在气流的输送下不能完成自身的彻底熔化,使得粉末与粉末结合时处于半熔融状态,会产生较多的孔隙和空气,影响粉末之间的结合性能。后续的粉末覆盖在基体上也会使得粉末迅速降温,大大降低了后续粉末的结合性。二是改变粉末的输送速度,相当于改变粉末的输送压力,较好的输送压力为0.2MPa。压力过高粉末输出速度过大,单位时间内流过的硅藻土粉末数量也大大增加,硅藻土

201

在整个焊枪加热通道中的加热时间也会减少,严重影响了硅藻土的高温熔化过程,使得硅藻土粉末在高速气流下基体上不能形成熔池,整个堆焊的过程都处于不完整的熔化状态下。压力过低,输送气流较低,影响了粉末的传送速度,使得粉末与基体结合的状态不连续,封严涂层易出现多孔。

表7.2 微弧等离子沉积修复技术工艺参数设计

| 参数 | 电压/V | 电流/A | 主气压力/MPa | 主气流量/(L/M) | 送粉压力/MPa | 送粉速度 | 堆焊距离/mm |
|---|---|---|---|---|---|---|---|
| 工艺参数1 | 220 | 20 | 0.2 | 0.8 | 0.2 | 20 | 40~50 |
| 工艺参数2 | 220 | 40 | 0.2 | 0.8 | 0.2 | 28 | 40~50 |
| 工艺参数3 | 220 | 60 | 0.2 | 0.8 | 0.2 | 28 | 40~50 |

为了获得性能优异的封严涂层实验材料,必须严格控制堆焊过程中的电流大小、送粉速度及送粉量,在对基体热影响相对较小的情况下进行堆焊操作。

# 7.2 微弧等离子沉积 $Ni-SiO_2 \cdot H_2O$ 封严涂层的结构与性能

为了更好地了解镍包硅藻土粉末是否具有优秀的封严涂层利用价值,需要对其结构特点、性能特点进行研究。

## 7.2.1 封严涂层的预处理

基体试样依次经过砂纸磨制,并进行除油、表面微弧修复处理。表面微弧修复处理是在相同电参数条件下,用不同电极在工件表面进行修复,时间过长或电流过大会产生发红发热现象,需停止实验,待冷却后继续。待试样冷却取出放于干净器皿中,留作测试粗糙度与厚度之用。

在制作堆焊封严涂层的过程中,为了严格控制封严涂层的厚度,封严涂层前后试样的厚度如表7.3所列。其中1~5号试样为45钢的封严涂层试样。

表7.3 堆焊前后试样的厚度 （mm）

| 状况 | 1号 | 2号 | 3号 | 4号 | 5号 |
|---|---|---|---|---|---|
| 堆焊前 | 14.86 | 14.34 | 14.20 | 14.20 | 14.86 |
| 堆焊后 | 15.40 | 14.74 | 14.72 | 14.74 | 15.34 |

## 7.2.2 微弧等离子沉积 $Ni-SiO_2 \cdot H_2O$ 封严涂层的微观结构

图7.6所示为微弧等离子堆焊Ni/硅藻土封严涂层的微观结构。图7.6(a)~

(c)均为涂层的垂直剖面图。图7.6(a)中涂层孔隙率较大,主要原因在于硅藻土松散、质轻、多孔、吸水性和渗透性强,使得涂层颗粒结合较为松散,孔隙率较大。涂层表面存在的部分凹坑,主要是由于在沉积过程中,Ni/硅藻土喷出后,在飞行过程中温度降低,颗粒的硬度增加,钉砸未完全冷却凝固的涂层表面而成。图7.6(b)所示为工艺2制备的Ni/硅藻土封严涂层的SEM形貌,涂层与基体的分界并不明显,且涂层内部分布均匀。图7.6(c)所示为工艺3制备的Ni/硅藻土封严涂层的垂直截面图。可以看出,灰色部分为硅藻土,白色为Ni粒子,涂层的沉积过程呈堆叠生长。而且由于工艺过程中电流较低(20A)的影响,涂层内部出现了贯穿性裂纹。图7.6(d)所示为3种工艺涂层的XRD图谱,其中(44.5°)、(51.6°)、(76.3°)峰值显示为Ni元素的特征衍射峰,(21.8°)峰值是$SiO_2$和$SiO_2 \cdot H_2O$特征衍射峰,说明Ni/硅藻土主要成分元素是镍和$SiO_2(SiO_2 \cdot H_2O)$。

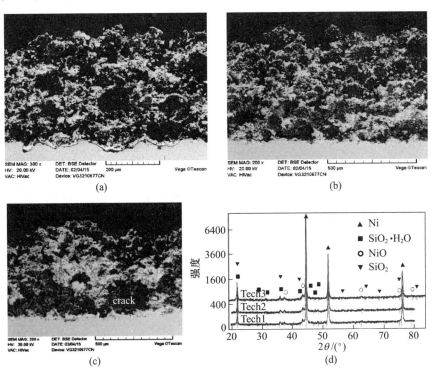

图7.6　不同工艺制备的镍包硅藻土封严涂层

(a)~(c)分别为工艺1、工艺2、工艺3;(d)XRD。

　　由于高温作用,部分$SiO_2 \cdot H_2O$涂层会在沉积过程中转化成$SiO_2$。同时,由于涂层在沉积过程中存在氧化作用,部分Ni粒子表面被氧化,涂层中还存在少量的氧化镍(NiO)。因此,涂层的沉积过程受到工艺的影响。当电流过大时,沉积的涂层质量较好,但由于等离子流热焓高,涂层内部受到高温氧化、分解严重,相反电流过低,涂层氧化分解少,但涂层中会存在裂纹,而影响涂层的力学性能。

### 7.2.3 微弧等离子沉积 Ni – SiO₂ · H₂O 封严涂层的成分分析

图 7.7 所示为微弧等离子沉积 Ni – SiO₂ · H₂O 封严涂层的成分分析。图中,对封严涂层垂直截面的微观结构进行了 EDS 能谱分析。由图 7.7(a)可以看出,黑色部分属于硅藻土,白色部分属于镍,灰色部分属于间断的孔隙以及镍的化合物。封严涂层中主要由 $SiO_2$ 构成,其中包含大量的镍元素。图 7.7(b)所示为封严涂层的能谱图,结合表 7.4 可以看出,封严涂层较好地继承了 Ni – SiO₂ · H₂O 粉末的基本成分,不同的是,在封严涂层的成分中 Si、Ni 含量分别达到 7.24at. % 和 19.60at. %,说明能谱测试区域为富 Ni 区域;而封严涂层中 C 含量为 48.45at. %,这一含量与试样测试时导电胶布黏结表面有关。

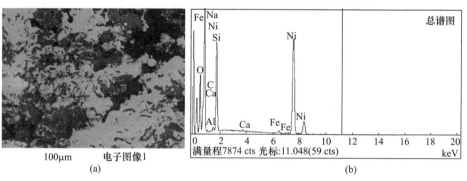

100μm　电子图像1

(a)

满量程7874 cts 光标:11.048(59 cts)

(b)

图 7.7　封严涂层微观谱图

(a)封严涂层微观组织;(b)封严涂层试样面能谱谱图。

### 表 7.4　镍包硅藻土能谱实验数据

| 元素种类 | 镍包硅藻土封严涂层 | | 镍包硅藻土粉末 | |
|---|---|---|---|---|
| | 重量/wt. % | 原子/at. % | 重量/wt. % | 原子/at. % |
| C、K | 24.78 | 48.45 | 0.24 | 0.42 |
| O、K | 16.10 | 23.63 | 53.63 | 69.47 |
| Na、K | 0.44 | 0.45 | 1.22 | 1.10 |
| Al、K | 0.38 | 0.33 | 7.26 | 5.57 |
| Si、K | 8.65 | 7.24 | 25.01 | 18.45 |
| Ca、K | 0.14 | 0.08 | 0.59 | 0.31 |
| Fe、K | 0.53 | 0.22 | 2.34 | 0.87 |
| Ni、K | 48.98 | 19.60 | 4.57 | 1.61 |

| 元素<br>种类 | 镍包硅藻土封严涂层 | | 镍包硅藻土粉末 | |
|---|---|---|---|---|
| | 重量/wt. % | 原子/at. % | 重量/wt. % | 原子/at. % |
| Mg、K | | | 0.55 | 0.47 |
| P、K | | | 0.19 | 0.13 |
| K、K | | | 2.66 | 1.41 |
| W、M | | | 1.74 | 0.20 |

## 7.2.4 封严涂层的结合强度

封严涂层的力学性能主要由硬度和封严涂层的机械结合性能表征。结合强度是指封严涂层与基体之间黏结的牢固程度,既包含了黏结底层与基体和封严涂层间的结合强度,也包含了封严涂层本身的内聚强度,足够的结合强度是封严涂层不从基体上剥离的保证。

### 1. 封严涂层结合强度测定

封严涂层与基体的结合强度主要包含两个方面:一是在高温工作与停机两种状态的频繁切换,由于温度从高温到常温的频繁变化,可能导致封严涂层与基体结合强度降低而产生剥落现象;另一个是在常温情况下,由于长时间的储藏,封严涂层与基体的结合强度发生改变或者是封严涂层中颗粒间的结合力下降,出现部分封严涂层剥落甚至脱落的情况。

封严涂层的结合强度一般采用拉伸结合强度测试方法,根据国际通用的美国 ASTM – C633 标准,采用在一个对偶试样的端面喷涂上封严涂层后,用黏结剂把封严涂层面和对偶试样的端面对准黏结固化,由拉伸试样机将其拉断,拉断时单位面积封严涂层所承受的载荷即为结合强度 $s_b$。取 5 组试样进行实验并取其结果的平均值,其中封严涂层厚度应不小于 0.38mm。

采用微弧等离子沉积制备的镍包硅藻土封严涂层为层状结构。由于基体合金在喷涂前经过喷砂粗化处理,在微观上是凹凸不平的镍包硅藻土粉末经过等离弧时被加热熔化,高速撞击到基体表面,液态的镍和硅藻土沿凹凸不平的 45 钢表面铺展,和基体之间形成了良好的"锚钩效应",有利于提高封严涂层与基体之间的结合强度。黏结层的片层状结构是由于金属粉末颗粒不连续沉积形成的。黏结层厚度约 0.2mm,组织均匀致密,起到缓和应力、提高封严涂层结合强度的作用。黏结层粉末沉积在基体表面形成以变形粒子相互交错、呈波浪形堆叠的层状结构,颗粒与颗粒之间已形成氧化层、气孔等缺陷。

根据制备涂层的特点测量出工艺 3 制备涂层的结合强度及断裂面位置如表 7.5 所列。微弧等离子堆焊制备 Ni/硅藻土封严涂层呈堆叠结构,其黏结层厚度约 0.3mm,组织均匀,起到缓和应力、提高涂层结合强度的作用。表 7.5 中,涂层与基体的结合强度平均为 8.86MPa,均断裂于涂层内部,表明沉积过程中半熔化粒子在等离子焰流作用中沉积需要的冲击力不太明显。

表 7.5    封严涂层的结合强度

| 试样编号 | 拉断强度 | 断裂面 | 强度模式 | 结合强度/MPa |
|---------|---------|--------|---------|-------------|
| A1 | 8.85 | 封严涂层 | 内聚强度 | |
| A2 | 8.86 | 封严涂层 | 内聚强度 | |
| A3 | 8.49 | 封严涂层 | 内聚强度 | >8.86 |
| A4 | 8.95 | 封严涂层 | 内聚强度 | |
| A5 | 5.49 | 胶面 | 拉伸强度 | |

### 2. 封严涂层的断裂模式

图 7.8 所示为微弧等离子堆焊 Ni/硅藻土封严涂层在拉伸作用下表现出的不同尺度的断裂界面。图 7.8(a)显示,涂覆于 Ni/硅藻土封严涂层表面的固体胶未渗入涂层内部,因此拉伸强度可以表征涂层与基体之间的结合强度。图 7.8(b)所示为涂层在拉应力作用下的断裂面 SEM 形貌,涂层呈脆性剥落断裂。在拉伸应力作用下,在半熔化粒子边界以及孔隙产生应力集中,随之产生微裂纹,进而逐渐沿着应力集中梯度进行扩展,直至涂层断裂;而且在断裂表面上存在独立的硅藻土损伤残余颗粒。显然,Ni/硅藻土封严涂层的断裂模式表现为以扁平化粒子边缘为主,沿着孔隙梯度方向集中,并在应力集中部位导致硅藻土粒子内部断裂的脆性断裂。

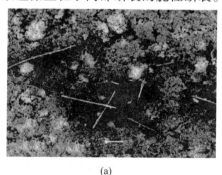 

(a)                                    (b)

图 7.8    封严涂层的断裂模式(工艺 3)

(a)×100;(b)×1000。

## 7.2.5 封严涂层的可刮削性能

为评价封严涂层在具体工况下的使役性能,将"可刮削性(abradability)"作为一项重要的评价指标。可刮削性是指转子叶片的叶尖和封严材料相互作用时,封严材料本身被磨损和刮削,可在不损伤叶片的前提下,获得发动机实际工作状态下的最小间隙。

可刮削性是气路密封配副摩擦学特性的表达,既与涂层和叶片材料性能有关,也与磨损过程中的载荷、速度、环境及表面温度的演变影响密切相关,反映了系统特征,尤为重要的是体现入侵深度、入侵速率、刮擦频率等参数不容忽视的作用。需要指出的是,封严涂层的可刮削性区别于通常所说的材料耐磨性,其定量数据不仅与磨损量有关,显然还应包括反映气路密封配副在高速高温条件下的刮擦力变化、能量损耗、表面状态改变以及磨损产物特性等相关内容。

### 1. 可刮削性能的评价方法

最初人们仅从硬度或强度等材料性能与磨损行为的关系来评价封严涂层可刮削性,即将刮削过程简化为硬颗粒划过表面,以微切削机制来解释和判定封严涂层可刮削性,故降低涂层的硬度即可实现易于刮削的效果。然而对服役于工况的封严涂层,还应有足够高的抗冲蚀性能,这与降低硬度相互矛盾。此外,磨损过程中出现的转移层和涂层硬度的变化,也会严重影响后续的磨损机制。因此,仅仅根据硬度或强度指标远远不能满足评价涂层可刮削性的需要。对涂层可刮削性进一步研究发现,作为材料的服役性能,模拟工况下进行磨损实验得到的数据,在用于表征和评价封严涂层上更为有效。

结合国内外涂层可刮削性的评价方法,根据自身的条件提出合理可行的评价方法。尤其要注重对实际工况的反映程度。可以借鉴的方法有美国 NASA Lewis研究中心研制的模拟实验台、美国 PWA(Pratt&Whitney Aircraft)公司研制的高速刮削装置、瑞士 Sulzer 公司研制的高速高温刮擦实验装置等。

### 2. 实验过程

结合发动机叶片的具体工况,可采用 3 种不同形状的撞针对涂层进行刮削。根据每种撞针对涂层的刮削情况,主要包括刮痕的深度、宽度、刮痕类型等外观形貌,可以对比出涂层的可刮削性与叶片间的相互影响。

207

### 3. 可刮削性结果

3种撞针对应的图像分别为薄片型（图7.9）、厚片型（图7.10）、锥型（图7.11）。通过对图7.9的观察发现,刮痕较窄,刮痕边界较为明显,说明涂层除刮痕外的其他部位保持着较好的完整性。同时,刮痕较深,说明涂层在应对这种异物时有较好的刮削性。

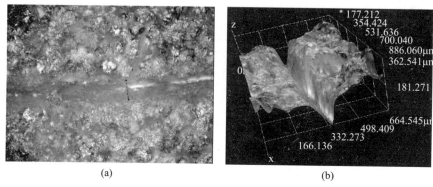

（a） （b）

图7.9 薄片型撞针的刮痕

（a）平面图像；（b)3D 图像。

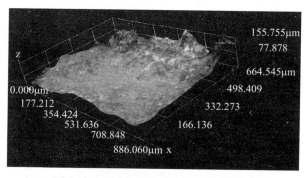

图7.10 厚片型撞针的刮痕(3D 图像)

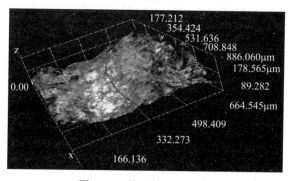

图7.11 锥型撞针的刮痕

通过对图 7.10 的观察发现,涂层的刮痕不是较为明显,而且边界较为模糊,几乎没有造成较大的表面损伤,说明涂层对这种异物的入侵有较好的抵抗能力,从侧面反映了涂层颗粒间具有一定的结合强度。

通过对图 7.11 的观察发现,刮痕的深度较浅,刮痕边界仍然不是非常明显,说明在应对这种异物的入侵时,涂层一定程度上具有较好的可刮削性,同时,结合强度在适当范围内并不与可刮削性冲突,显示出涂层在锥型撞针的冲击下表现最为出色。

## 7.3 镍包硅藻土封严涂层的摩擦磨损性能

### 7.3.1 滑动摩擦机理

摩擦副表面微凸体做相对运动(图 7.12),在接触表面沿微凸体斜面有两个滑动方向,当向上滑动时两个表面相互分离,而向下滑动则能使两个接触面相合在一起。微凸体向上滑动过程中所需要的功储存为势能,而当微凸体向下滑动时,大部分的能量将恢复,只有很小一部分能量消耗在两接触面上微凸体的下滑过程中,由此可知,摩擦是一个能量耗散过程。当一对金属摩擦副滑动时,接触点上的压力很高,引起接触点局部熔合;一旦接触面发生滑动,接触的微凸体之间就产生剪切作用,产生了摩擦力。

相对滑动中的微变形、硬微凸体在软表面上的犁削产生的塑性变形,使得表面上的宏观变形、黏弹性材料的弹性滞后损失等都将消耗一定的能量。

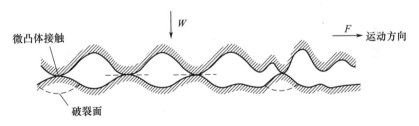

图 7.12　两表面滑动状态接触示意图

### 7.3.2 实验方法

摩擦性能实验在微机控制摩擦磨损实验机上进行,型号为 MMW - 1A,摩擦副的接触形式为环块式摩擦副。磨损实验开始前,对试样环、块接触面进行处理。然后在丙酮溶液中利用超声清洗机对其进行清洗,以去除表面因机械加工带来的油污,保证干摩擦实验的环境并且使磨损量更精确。清洗后,将试样放置在烘干炉里进行烘干,时间为20min,同样为了得到更精确的磨损量。之后使用天平对试样进行称重,精度为0.0001g。根据实验要求,设置实验参数,进行摩擦磨损实验。磨损实验进行完,同样进行清洗、烘干、称重,以计算磨损量。选定球盘(单球)摩擦副,载荷为150N,转速为120r/min,时间为60min。

### 7.3.3 封严涂层的摩擦学特性

利用MMW-1A摩擦磨损实验机对涂层进行摩擦学实验,获得实验数据如图7.13所示。图中显示,在中性常温条件下,采用球盘(单球)摩擦副时,当摩擦载荷为150N、转速为120r/min、时间为60min时,封严涂层表面与对磨件摩擦,使得试样表面温升达到125~150℃。经过60min摩擦实验后,封严涂层表面均被磨耗,并在试样表面形成环形沟槽,这显示出本封严涂层的基本特征,即通过在摩擦过程中消耗自身结构,产生较低摩擦系数,进而达到保护回转结构表面结构的目的。

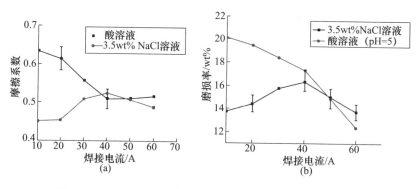

图7.13 微弧等离子沉积Ni/硅藻土封严涂层的摩擦学系数
(a)摩擦系数;(b)磨损率。

图7.13(a)显示,在3.5wt% NaCl盐溶液条件下,微弧等离子堆焊沉积Ni/硅藻土封严涂层的摩擦系数为0.4536~0.524;而在pH=5的酸溶液条件下,Ni/硅藻土封严涂层的摩擦系数为0.5099~0.6136。而且显示出,当堆焊电流为40A时,在酸性条件与盐溶液条件下具有较为稳定的摩擦系数。

由两种溶液中的磨损率发现,在酸性溶液中,Ni/硅藻土封严涂层试样的磨损更剧烈(图7.13(b))。图中显示,在酸性液体中,Ni/硅藻土封严涂层具有腐蚀磨损作用,且随堆焊电流的减小,涂层的磨损率逐渐增加,并在20A时涂层的磨损率达到19.467‰;而在中性盐溶液环境中,随着摩擦系数的增加,当堆焊电流为40A时,Ni/硅藻土封严涂层的磨损率会增大到16.354wt.‰。结合摩擦系数与涂层的应用特点可知,当工艺2时(堆焊电流为40A),微弧等离子堆焊制备的 Ni/硅藻土封严涂层在酸性环境和碱性环境下的摩擦系数和磨损率都比较平稳,分别达到 0.524、16.354wt.‰和 0.5099、17.317wt.‰。

从总体看,在中性溶液中进行摩擦实验时,封严涂层耐磨减摩性能相对较好,封严涂层的常温磨损失效机理以磨屑磨损为主,伴随着黏着磨损。结合本实验具体数据来看,耐磨性与减摩性没有直接的关系,即:耐磨性较好的涂层,减摩性不一定很好;其次,实验环境也影响着涂层的耐磨、减摩性,环境温度对摩擦产生了比较大的影响。

### 7.3.4 微弧等离子堆焊 Ni/硅藻土封严涂层的摩擦磨损机制

图 7.14 所示为采用工艺 2(堆焊电流 40A)沉积 Ni/硅藻土封严涂层在不同环境下的磨损表面。在 3.5wt% NaCl 碱性溶液与酸性溶液条件下,采用球盘摩擦副时,当摩擦载荷为 150N、转速为 120r/min、时间为 60min 时,涂层表面与对磨件摩擦。经过 60min 摩擦实验后,涂层表面均被磨耗(图 7.14(a)、(b)),并在试样表面形成环形沟槽。可以看出,在 3.5wt.% NaCl 溶液中进行摩擦实验时,Ni/硅藻土封严涂层耐磨减摩性能相对较好,涂层在高载实验周期内发生了全面磨耗;而酸性环境对涂层的寿命影响较大,在摩擦磨损后,不仅 Ni/硅藻土封严涂层被全部磨耗,而且基体也被磨损破坏。

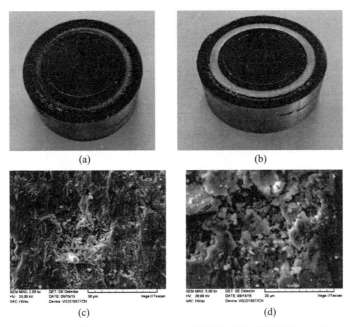

图 7.14 微弧等离子沉积 Ni/硅藻土封严涂层的磨损形貌(工艺 2)

(a)、(c)3.5wt.% NaCl;(b)、(d)酸溶液(pH=5)。

结合图 7.14(c)、(d)可以发现,在两种环境中,在 150N 摩擦载荷工作周期内,涂层内部损伤大,使得涂层摩擦系数增大(干摩擦状态摩擦系数为 0.385)且在酸性环境更为明显。研究表明,在两种环境中,由于孔隙的存在加剧了涂层中镍的氧化反应,生成金属氧化物,使得金属氧化物不断增多,因而加剧了涂层的损伤速度。

## 7.4 镍包硅藻土封严涂层的耐腐蚀与耐热振性能

腐蚀介质有可能通过孔隙渗透接触基体,隔离的效果取决于封严涂层的抗渗透性。封严涂层的抗渗透性与孔隙率有关,而堆焊工艺和材料的选择是影响孔隙率的决定性因素。另外,封严涂层与基体的结合强度也会影响到耐磨减摩涂层的使用寿命。

### 7.4.1 电化学特性实验

电化学实验采用 PAR4000 电化学综合测试系统测试 Ni/硅藻土可磨耗封严层的极化曲线。采用传统的三电极体系,饱和甘汞电极(SCE)为参比电极,铂电极为辅助电极。动电位稳态极化曲线测试采用电位控制法,电位扫描速率为 1mV/s。交流阻抗测试频率范围为 100kHz ~ 10MHz,激励信号为幅值 ±10mV 的交流正弦波,在自腐蚀电位下测试。其中,盐环境选择 3.5wt.% NaCl 水溶液,酸环境为 pH 为 5 的酸溶液。

### 7.4.2 微弧等离子堆焊 Ni/硅藻土封严涂层的电化学特性

微弧等离子沉积镍包硅藻土固体封严涂层在 5% HCl 溶液中的自腐蚀电位。在腐蚀实验初期,固体封严涂层表面产生微量气泡,可认为经固体封严涂层孔隙,溶液与基体发生析氢反应产生 $H_2$,此时,$Fe^{2+}$ 进入溶液并产生溶于腐蚀液的 $FeCl_2$。同时,由于铁的电位低于镍,所以碳钢基体成为阳极,而固体封严涂层则是阴极,Fe 表面多余的电子则由阳极区域经过电子导体流流到阴极区域,致使固体封严涂层表面带负电,铁溶解得越多,其电位下降得越多。

$$\begin{cases} Fe \rightarrow Fe^{2+} + 2e \\ 2H^+ + 2e \rightarrow H_2 \uparrow \end{cases} \tag{7.1}$$

采用微弧等离子沉积工艺制备的镍包硅藻土封严涂层在 5% NaOH 溶液中的自腐蚀电位。封严涂层在 4h 后腐蚀电位已趋于平衡,约为 300mV。而在腐蚀实验初期,封严涂层的腐蚀电位下降迅速,尤其是在 440s 之前,电位迅速下降至 290mV,随之出现阶段性反弹。而在新的平衡下封严涂层的电位缓慢下降。对

212

比4h测试曲线与1min测试曲线,可以明显看出,封严涂层的电位存在阶段性的失衡。其原因是,腐蚀初期电位变化较快,主要原因是封严涂层内部存在电化学反应,负电性较强的Ni首先被溶解。随着腐蚀的发展,NaOH溶液逐渐通过腐蚀孔渗透进入基体,此时基体遭受破坏。而后,电极电位的下降速度变缓直至上升后趋于平缓,显示出封严涂层中有钝化膜生成。

图7.15所示为微弧等离子堆焊Ni/硅藻土封严涂层在3.5wt.％NaCl溶液与酸性溶液(pH=5)中的极化曲线。在3.5wt.％NaCl溶液中(图7.15(a)),当堆焊电流为20A、40A、60A时,涂层的极化电位分别为 – 301mV、– 392mV和 – 415mV。在腐蚀过程中,涂层内部形成大量的金属镍离子$Ni^{2+}$,在浓度梯度的作用下,$Ni^{2+}$向外迁移与涂层表面阴极反应生成的$OH^-$结合生成氢氧化物,涂层表面粗糙,部分腐蚀产物会在表面吸附。涂层内部孔隙的存在为涂层表层的盐雾渗透提供了通道,涂层内外构成宏观腐蚀电池,促使涂层内部金属连接相腐蚀加剧。

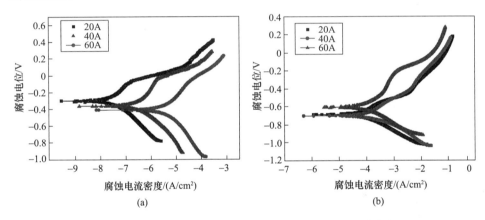

图7.15 微弧等离子沉积Ni/硅藻土封严涂层的电化学特性
(a)3.5wt.％NaCl溶液;(b)酸溶液(pH=5)。

图7.15(b)所示为pH=5酸环境中,Ni/硅藻土封严涂层的极化曲线,其中平衡电位均比盐环境下涂层的平衡电位低,且当堆焊电流为20A、40A、60A时,平衡电位分别为 – 695mV、– 708mV 和 – 600mV,且在60A时,极化电位最大。这说明微弧等离子堆焊沉积的Ni/硅藻土封严涂层在酸性环境中容易发生腐蚀磨损。显示,Ni/硅藻土封严涂层在酸溶液中的保护能力取决于$H^+$的浓度和封严涂层的孔隙率,$H^+$的浓度和封严涂层的孔隙率越大,$H^+$的浓度与腐蚀速率近似成正比;在酸性环境下,受到酸性腐蚀的问题,可磨耗Ni/硅藻土封严涂层的抗腐蚀磨损能力较低,但在使用过程中,必须防止在发动机工作时的酸性附加剂的含量。

### 7.4.3 抗热振性的评价

抗热震性是指涂层片在指定高温与低温之间反复切换,记录涂层出现裂纹时的切换次数,反映涂层当温度变化时不开裂、不剥层和不剥落的能力。足够的抗热震性意味着飞机在起飞、飞行、加速、减速和降落等一系列飞行状态下发动机内部温度发生变化时,封严涂层不会轻易失效。

广泛采用的抗热震性测试是按规定的时间间隔将试样暴露在火焰中或放置在已达设定温度的炉子中,然后自然冷却到室温或用空气吹冷试样至室温,在指定的高温和低温之间反复切换,记录直到涂层剥离所需的循环次数,根据试样损坏情况来评定试样的抗热震性能。

研究表明,微裂纹能够决定材料的 R – Curve 特征,对材料的抗热震性也有着重要影响。因弥散相与基体相之间热性能失配而产生的自发微裂纹是最为常见的一种钝裂纹产生源,如 BN – $Al_2O_3$ 复相材料等材料系统,由于体内存在适当尺寸的自发微裂纹,抗热震性可得到明显提高。同时,采用成分呈梯度变化的涂层结构,能够缓解涂层中的热应力,有效降低裂纹扩展速率,具有较高的抗热震性。

不同温度下涂层的抗热震次数如表 7.6 所列。从表中数据可以看出,随着热震温度的升高,试样的抗热震次数渐减少,抗热震性能不断下降,400℃的抗热震次数是 800℃的 4.85 倍

表 7.6　不同温度下涂层热震结果

| 温度/℃ | 400 | 500 | 600 | 700 | 800 |
|---|---|---|---|---|---|
| 抗热震次数 | 165 | 135 | 117 | 81 | 34 |

镍包硅藻土涂层的塑性较差,热震过程中在上述界面应力的反复作用下会萌生裂纹并不断扩展。当积聚的应力超过涂层的结合力时,涂层就会剥落,造成涂层失效,由于涂层边沿在激冷时,首先接触冷却水,冷却速度最大,产生应力也就最大,涂层会首先从边缘开始剥落。当热震温度升高时,界面应力将增大,应力集中的速度也会增大,造成涂层快速剥落,热震性能下降。涂层后期剥落加快是由于热震后期裂扩展速度增大造成的。

## 参 考 文 献

[1] 张俊红,鲁鑫,何振鹏,等. 航空发动机可磨耗封严涂层技术研究及性能评价[J]. 材料工程,2016,4:94 – 109.

［2］ Wei L, KUIZ, DU LG ZG, et al. Frictional wear resistance and erosion resistance of abradable seal coating ［J］. Journal of Thermal Spray Technology,2012,44:34 – 41.

［3］ Stringern J, Marshall M B. High speed wear testing of anabradable coatings［J］. Wear,2012,294 – 295: 257 – 263.

［4］ 曹茜,李其连,叶卫平,等. 等离子喷涂 NiCrAlYSi 基封严涂层的性能研究［J］. 热喷涂技术,2014,3: 35 – 39.

［5］ 徐娜,张春智,栾胜家,等. NiCrAl/Diatomite 可磨耗封严涂层摩擦磨损性能研究［C］. 第十六届国际热喷涂研讨会(ITSS'2013)暨第十七届全国热喷涂年会(CNTSC'2013)论文集,2013:16 – 20.

［6］ 刘慧,马寒岩,赵延春,等. 镍铬铝 – 硅藻土可磨耗封严涂层的热稳定性［J］. 焊接技术,2011(3): 13 – 15.

［7］ Sveja E,Robert M,Daniel M,et al. Failure machanisms of magnesia alumina spinel abradabel coatings under thermal cyclic loading［J］,Journal of the European Ceramics Society,2013,33:3335 – 3343.

［8］ 薛伟海,高禩洋,段德莉,等. 高速刮擦下 Ni – G 封严涂层与 Ti6Al4V 叶片间的材料转移行为［J］. 中国表面工程,2014,10:65 – 72.

［9］ 邢丕臣,刘建明,王志伟,等. 可磨耗封严涂层抗中性盐雾腐蚀性能研究［J］. 热喷涂技术,2015,12: 35 – 41.

［10］ 于方丽,白宇,吴秀英,等. 等离子喷涂镍基可磨耗封严涂层抗腐蚀及耐磨性能分析［J］. 无机材料学报,2016,Vol. 317. ;687 – 693.

［11］ 许存官,杜令忠,张伟刚. Ni/石墨封严涂层的盐雾腐蚀研究［J］. 航空材料学报,2010,30,(4):53 – 58.

［12］ 杨晓军,许诺然,刘智刚. 污染物沉积和涂层脱落对气膜冷却效率影响的数值研究［J］. 推进技术, 2013,34(10):1362 – 1368.

［13］ Yang X J,Xu N R,Liu Z – G. Effects of Deposition and Thermal Barrier Coating Spallation on Film Cooling Effectiveness:a Numerical Study［J］. Journal of Propulsion Technology,2013,34(10):1362 – 1368.

［14］ 朱向哲,袁惠群,李东. 摩擦热效应对航空发动机高压转子系统碰摩响应的影响［J］. 推进技术, 2010,313:366 – 271.

［15］ Zhu X Z,Yuan H Q,Li D. Friction thermal effect on rubbing response of a high pressure rotor system ［J］. Journal of Propulsion Technology,2010,313:366 – 271.

［16］ 邓德伟,陈蕊,张洪潮. 等离子堆焊技术的现状及发展趋势［J］. 机械工程学报,2013,497: 106 – 111.

［17］ Yang L J. Plasma surface hardening of ASSAB 760 steel soecimens with Taguchi optimization of the processing parameters［J］. Journal of Materials Processing Technology,2001(113):521 – 526.

［18］ 张峰,黄传兵,兰昊,等. TiAl/BN 复合封严涂层的耐腐蚀性能研究［J］. 热喷涂技术,2014,12:23 – 27.